软件开发系列教程

深入浅出 C++

（下册）

马晓锐　编著

中国水利水电出版社
www.waterpub.com.cn

·北京·

内 容 提 要

C++是目前流行且应用广泛的程序设计语言之一，它的高效率和面向对象技术备受推崇。本书由浅入深、循序渐进地讲解了 C++的各个知识点，结合一些实用的知识讲解了 C++ 的主要用法。全书分为 4 篇，共 25 章，内容包括基于 C++ 98 版本的知识点：C++ 的历史和特点、C++ 编译工具的安装和配置、C++ 程序的元素、C++ 基本数据类型、C++ 语句与控制结构、数组、函数、指针与引用、自定义数据类型与字符串、面向对象程序设计思想和类、重载技术、继承与派生技术、虚函数与多态性、模板与命名空间、标准模板库、C++输入/输出、C++ 异常处理、API 编程和 MFC 框架简介、多线程处理与链接库、基本算法与数据结构、数据库编程和网络编程等，同时还对 C++ 11～C++ 20 版本的新特性进行了讲解。为了使读者能真正掌握 C++ 的用法，书中最后两章通过建立两个实用的程序向读者介绍 C++ 的具体应用。

本书适合初学 C++ 人员、具有一定 C 语言或者 C++ 语言基础的中级学习者、学习 C++ 的大/中专院校的学生阅读，也可以作为高等院校 C++ 的教材或教学参考书。

图书在版编目（CIP）数据

深入浅出C++：全两册 / 马晓锐编著.-- 北京 ：中国
水利水电出版社, 2023.5
软件开发系列教程
ISBN 978-7-5226-1463-2

Ⅰ. ①深… Ⅱ. ①马… Ⅲ. ①C++语言－程序设计－
教材 Ⅳ. ①TP312.8

中国国家版本馆CIP数据核字（2023）第052762号

丛 书 名	软件开发系列教程	
书 名	深入浅出 C++（下册） SHENRU-QIANCHU C++ (XIACE)	
作 者	马晓锐 编著	
出版发行	中国水利水电出版社 （北京市海淀区玉渊潭南路 1 号 D 座　100038） 网址：www.waterpub.com.cn E-mail: zhiboshangshu@163.com 电话：（010）62572966-2205/2266/2201（营销中心）	
经 售	北京科水图书销售有限公司 电话：（010）68545874、63202643 全国各地新华书店和相关出版物销售网点	
排 版	北京智博尚书文化传媒有限公司	
印 刷	三河市龙大印装有限公司	
规 格	190mm×235mm　16 开本　33.5 印张（总）　817 千字（总）	
版 次	2023 年 5 月第 1 版　2023 年 5 月第 1 次印刷	
印 数	0001—3000 册	
定 价	108.00 元（全两册）	

第 *12* 章

虚函数与多态性

多态性（plymorphism）是面向对象程序设计的基本特点。通过继承不同的类，多态性可以使同一个函数调用作出不同的响应。多态性是通过虚函数（virtual function）来实现的。虚函数和多态性使程序可以对层次中所有类的对象（基类对象）进行一般性处理，使得系统实现设计和易于扩展成为可能。本章的内容包括：

- 多态性的概念。
- 声明和使用实现多态性的虚函数。
- 抽象类和具体类的区别。
- 声明和建立抽象类的纯虚函数。
- 实现虚函数和动态关联。

通过对本章的学习，读者可以理解类的虚函数和多态性的特性、掌握类的多态性的运用方法。

12.1 多态性

继承讨论了类与类之间的层次关系。多态则是研究不同层次类中以及一个类内部的同名函数之间的关系问题。利用多态性可以对类的功能和行为进行进一步抽象。

12.1.1 多态性的概念和类型

扫一扫，看视频

多态是指在对类的成员函数进行调用时，如果被不同类型的对象接收而产生不同的实现的现象，即调用了类的同名成员函数，在对不同类型的对象进行处理时，类能够自动识别对象的特性，从而调用不同的函数来实现。

多态性的运用在程序中是很普遍的，最常见的例子是运算符。例如，对于加法运算，它可以实现不同类型的数据（整型数、浮点数等）的加法运算。这里调用的函数是"+"，处理的不同对象即整型数、浮点数等。当进行运算时，函数"+"会采用不同的实现来进行运算。如果都是整型数值，则采用整型相加算法进行运算；如果都是浮点数值，则采用浮点算法进行运算；当数据类型不同时，还需要进行类型转换后再进行运算。这就是多态现象。

在 C++中，多态可以进行如下分类。

- 专用多态：重载多态、强制多态。
- 通用多态：包含多态、参数多态。

可以看出，C++中有以下 4 种多态。

- 重载多态包括前面章节所讲述的函数重载和运算符重载等。
- 强制多态是指为了符合某个函数或者操作的要求而将一个对象的类型加以变化。例如，在加法运算中，如果处理的两个操作数类型不同，需要先将两个操作数类型强制统一后再进行相加，这就是强制多态。
- 包含多态是指类族中定义在不同类中的同名成员函数的多态行为，主要通过虚函数技术来实现。
- 参数多态是类模板具有的特性。在后面的章节将会论述到。

12.1.2 多态的实现方式

扫一扫，看视频

如果函数或者类成员函数利用了多态技术，在程序未编译前是无法确定调用了同名函数的哪个具体实现的。只有在程序编译或者运行期间才根据接收的具体对象类型来决定调用相应的实现。那么编译系统是怎样实现在编译期或运行期绑定函数过程的呢？

从实现的角度来看，多态可以划分为两种情况：编译期多态和运行时多态。前者是在编译过程中，确定同名操作的具体操作对象，从而确定同名函数的具体实现；后者是程序运行过程中，动态确定具体的操作对象，从而确定同名函数的具体实现。这种确定操作的具体对象的过程称为联编或者联合（也有编联、绑定等称法）。联编就是将一个标识符和一个存储地址联系一起的过程，是计算机程序自身彼此关联的过程。

根据联编进行的不同阶段，可以将其分为静态联编和动态联编。

1．静态联编

静态联编是指联编工作在程序编译和连接阶段完成的联编过程。静态联编是在程序运行之前进行的，所以也称为早期联编、前联编等。在有的多态类型中，程序在编译、连接阶段就可以确定同名操作的具体操作对象。系统就可以根据类型匹配来确定某一个同名标识调用的具体代码。例如，对于重载多态、强制多态和参数多态，都可以通过静态联编来实现。

2．动态联编

动态联编则是指联编工作在程序运行阶段完成的联编过程。如果静态联编无法解决联编问题，那么只能等到程序运行时再进行联编操作。例如，包含多态就是通过动态联编完成的。

12.2　虚函数

虚函数是实现动态联编的基础。当通过基类指针或引用请求使用虚函数时，C++会在与对象关联的派生类中正确地选择重定义的函数。

12.2.1　虚函数的概念和定义

在讲述继承与派生的章节里，有一个关于学生类与研究生类继承的例子，定义了如下类。

扫一扫，看视频

【示例 12-1】学生类与研究生类。代码如下：

```
//学生类
class CStudent
{
public:
    CStudent(string strStuName = "No Name");
    virtual ~CStudent();
    void AddCourse(                              //增加学生已学课程
        int nCrediHour;                          //学时
        float Source;                            //分数
        );                                       //增加已修课程
    void ShowStuInfo();                          //显示学生信息
protected:
    string m_strName;                            //姓名
    int nTotalCourse;                            //已修完课程总数
    float fAveSource;                            //成绩平均分
    int nTotalCrediHour;                         //总学分
```

```
};
//研究生类
class CGraduateStu:public CStudent
{
public:
    CGraduateStu(string strName,CTutorial &tu):CStudent(strName),m_ctTutorial(tu){};
                                                            //派生类的构造函数
    virtual ~CGraduateStu();
    CTutorial& GetTutorial(){return m_ctTutorial;};         //返回导师内嵌对象
    void ShowStuInfo();                                     //输出学生名
protected:
    CTutorial m_ctTutorial;                                 //导师内嵌对象
};
//导师类
class CTutorial
{
public:
    CTutorial();
    virtual ~CTutorial();
    void SetTutorialName(string strTutorialName);           //设置导师名
    void ShowTutorialName();                                //显示导师信息
private:
    string m_strTutorialName;                               //导师姓名
};
```

分析：如果现在需要增加一个计算学生学费的成员函数 CalcTuition()，因为普通学生和研究生的学费计算方式是不同的，所以在两个类中必须分别设计计算学费的成员函数。

```
class CStudent
{
…
public:
    float CalcTuition()
    {
        cout<<"普通学生学费";
        return 4500.0;
    }
};
class CGraduateStu:public CStudent
{
…
public:
    float CalcTuition()
    {
        cout<<"研究生学费"<<endl;
        return 2000.0;
    }
```

```
};
```

很明显，派生类重载了基类中的成员函数 CalcTuition()。在类 CGraduateStu 中成员函数 CalcTuition()覆盖了基类中的 CalcTuition()成员函数。此时如何访问派生类和基类中的同名函数在前面已经介绍过。但是在有的情况下，程序是无法确定类的所属情况的，这样在继承类层次中访问类同名函数时就会出现问题。例如，下面的函数：

```
float getTuition(CStudent& rS)
{
        return rS.CalcTuition();
};
```

学生和研究生都是学生，通过前面所讲的基类和派生类的赋值规则可以看出，getTuition()函数既可以接受基类的引用，也可以接受派生类的引用，即下面的代码是合法的。

```
int main()
{
    CStudent s;
    CTutorial tu;
    CGraduateStu gs("Tom",tu);

    cout<<getTuition(s)<<endl;                    //计算普通学生的学费
    cout<<getTuition(gs)<<endl;                   //计算研究生的学费
}
```

程序运行结果如下：

```
普通学生学费 4500
普通学生学费 4500
```

根据程序的输出结果，可以看出此时遇到了问题。不管传入的是基类的对象还是派生类的对象引用，程序在调用 CalcTuition()函数时都调用了基类的成员函数 CalcTuition()。所以为了解决这个问题，就需要函数 getTuition()具备多态性，即根据处理对象的不同，调用不同的函数实现。解决这个问题就是通过虚函数来实现的。

虚函数可以在通过基类指针或引用请求使用虚函数时，在与对象关联的派生类中正确地选择重载的函数。一般虚函数成员定义的语法形式为：

```
virtual 函数类型 函数名(形参表)
{
        函数体;
}
```

声明一个虚函数，只需要在成员函数的声明前加 virtual 关键字限定，并且只需要在类声明中的函数原型前进行限定，而不需要且不能在函数实现体前加此关键字。在用虚函数实现运行时多态时，需要满足以下三个条件。

● 类之间需要满足赋值兼容规则，一般在派生类和基类之间是满足这样的规则的。

- 需要声明虚函数，这是显而易见的。
- 由类的成员函数或者通过指针、引用来访问虚函数（当使用对象名访问虚函数时，则属于静态联编）。

【示例 12-2】利用多态性来实现学生类的学费计算。程序主文件为 Inherit.cpp，Student.h 为 CStudent 类定义头文件，Student.cpp 为 CStudent 类实现文件，GraduateStu.h 为 CGraduateStu 类定义头文件，GraduateStu.cpp 为 CGraduateStu 类实现文件，Tutorial.h 为 CTutorial 类定义头文件，Tutorial.cpp 为 CTutorial 类实现文件。代码如下：

```cpp
//Student.h
#pragma once
#include <iostream>
#include <string>
using namespace std;

class CStudent                              //学生类
{
public:
    CStudent(string strStuName = "No Name");
    virtual ~CStudent();
    void AddCourse(                         //增加学生已学课程
        int nCrediHour,                     //学时
        float Source                        //分数
    );                                      //增加已修课程
    void ShowStuInfo();                     //显示学生信息
    virtual float CalcTuition()             //将基类中计算学费的成员函数声明为虚函数
    {
        cout << "普通学生学费";
        return 4500.0;
    }
protected:
    string m_strName;                       //学生姓名
    int nTotalCourse;                       //已修完课程总数
    float fAveSource;                       //成绩平均分
    int nTotalCrediHour;                    //总学分
};

//Student.cpp
#include "CStudent.h"

CStudent::CStudent(string strStuName)
{
    cout << "CStudent 构造函数"<<endl;
    m_strName = strStuName;                 //初始化姓名
    nTotalCrediHour = 0;                    //总学分置 0
    nTotalCourse = 0;                       //已修完课程总数置 0
```

```cpp
        fAveSource = 0.0;                                        //成绩平均分置 0
}

CStudent::~CStudent()
{
}

void CStudent::AddCourse(int nCrediHour, float Source)          //增加已修课程
{
    nTotalCrediHour += nCrediHour;                              //增加总学分
    fAveSource = (fAveSource * nTotalCourse + Source) / (nTotalCourse + 1);
                                                                //计算平均成绩
    nTotalCourse++;                                             //增加已修完课程总数
}

void CStudent::ShowStuInfo()
{
    cout << "学生姓名: " << m_strName << endl;
    cout << "学生总分数:" << nTotalCrediHour << endl;
    cout << "已修完课程总数:" << nTotalCourse << endl;
    cout << "学生平均分:" << fAveSource << endl;
}

//GraduateStu.h
#pragma once
#include "CStudent.h"
#include "CTutorial.h"

class CGraduateStu :public CStudent                             //研究生类
{
public:
    CGraduateStu(string strName, CTutorial& tu) :CStudent(strName), m_ctTutorial(tu)
                                                                //派生类的构造函数
    {
        cout << "CGraduateStu 构造函数" << endl;
    }
    virtual ~CGraduateStu() {};

    CTutorial& GetTutorial() { return m_ctTutorial; }           //获得导师实例
    void ShowStuInfo();                                         //输出学生信息
    float CalcTuition()                                         //计算研究生学费
    {
        cout << "研究生学费" << endl;
        return 2000.0;
    }
protected:
    CTutorial m_ctTutorial;                                     //存储导师信息
};
```

```
//GraduateStu.cpp
#include "CGraduateStu.h"

void CGraduateStu::ShowStuInfo()
{
    this->CStudent::ShowStuInfo();              //调用基类函数进行常规信息显示
    this->GetTutorial().ShowTutorialName();
}

//Tutorial.h
#pragma once
#include <iostream>
#include <string>
using namespace std;

class CTutorial                                 //导师类
{
public:
    CTutorial() {};
    virtual ~CTutorial() {};
    void SetTutorialName(string strTutorialName)    //设定导师姓名
    {
        m_strTutorialName = strTutorialName;
    }
    void ShowTutorialName()                     //显示导师姓名
    {
        cout << m_strTutorialName << endl;
    }
private:
    string m_strTutorialName;                   //导师姓名
};

//Inherit.cpp
#include "CGraduateStu.h"

float getTuition(CStudent& rS)                  //取得学生的学费，注意这里的参数类型是引用
{
    return rS.CalcTuition();                    //计算学生的学费并返回
}

int main()
{
    CStudent s;
    CTutorial tu;
    CGraduateStu gs("Tom", tu);

    cout << getTuition(s) << endl;              //计算普通学生的学费
```

```
        cout << getTuition(gs) << endl;              //计算研究生的学费
    }
```

程序运行结果如下:

```
CStudent 构造函数
CStudent 构造函数
CGraduateStu 构造函数
普通学生学费 4500
研究生学费 2000
```

分析:当将学生类中计算学费的成员函数 CalcTuition()声明为虚函数后,派生类重载了此函数,此时根据派生规则,重载的 CalcTuition()函数也为虚函数。当利用派生类或者基类的引用对虚函数进行访问时,多态的特征就显示出作用。在函数 getTuition()中,当传入的参数 rS 为基类对象引用时,则调用基类中的 CalcTuition()函数;当传入的参数 rS 为派生类对象引用时,则调用派生类中的 CalcTuition()函数。

📢 注意:

当基类中的函数成员声明为虚函数之后,派生类中的同名函数也为虚函数,可以不显式声明。但是如果虚函数在基类和派生类中仅仅是名称相同,而参数类型或者个数不同,或者返回值不同,即使在派生类中显式声明为虚函数,也不能动态联编,即基类和派生类的虚函数只有在函数名和参数表完全相同的情况下才有效。

12.2.2 虚函数的使用规则

扫一扫,看视频

将类的成员函数设置为虚函数是有好处的,它只是会增加一些资源上的开销,并没有其他坏处。当然并不是所有的函数都能被设置为虚函数。对于虚函数的运用需要注意以下几点。

● 被声明为虚函数的必须是类的成员函数。因为虚函数仅适用于有继承关系的类对象,而不能应用于普通函数。

● 类的静态函数不能声明为虚函数。因为静态成员不属于某个对象,而是类的自身的属性。

● 内联函数不能声明为虚函数。因为内联函数是不能在运行中动态确定其位置的,它是在编译阶段就已经进行了代码替换的。即使成员函数在类定义体内实现(按照类定义规则,应该默认为内联函数),当声明其为虚函数时,编译时也会将其作为非内联函数对待。

● 构造函数不能声明为虚函数。因为虚函数是针对对象的,而在未执行构造函数之前,对象还没有生成,所以无法将其声明为虚函数。

● 析构函数可以是虚函数,而且一般都声明为虚函数(在利用 Visual Studio 2022 生成类时,会自动将类的析构函数声明为虚函数)。当把析构函数声明为虚函数后,由它派生而来的所有派生类的析构函数都是虚函数。析构函数在被设置为虚函数之后,在使用指针或者引用时可以动态联编,实现运行时多态,以保证使用基类的指针或者引用时能够针对不同的对象调用适合的析构函数来进行清理工作。

12.3 纯虚函数与抽象类

抽象类是一种特殊的类。它是为了抽象和设计的目的而建立的，可以为一类族提供统一的操作模式。建立抽象类是为了通过它，多态地使用其中的成员函数。抽象类的实现需要带有纯虚函数，所以纯虚函数是抽象类实现的前提。

扫一扫，看视频

12.3.1 纯虚函数

纯虚函数是一个在基类中说明的函数，但是在基类没有具体的实现，即没有实现体的函数，需要其派生类根据实际需要对其进行实现。纯虚函数声明的一般形式为：

```
virtual 函数类型 函数名(参数表)=0;
```

从这个声明形式可以看出，其与一般虚函数声明的不同之处是在后面加了一个"=0"。声明虚函数之后，基类中是不能给出函数的实现部分的，而只能在派生类中给出其实现体。

◀))) 注意：

在类中，有的虚函数的实现部分为空，这与纯虚函数是有区别的。纯虚函数不能给出函数体，所以对于实现部分为空的虚函数不是纯虚函数。纯虚函数的特征是其声明后接"=0"。

扫一扫，看视频

12.3.2 抽象类和抽象基类

如果把类看作一种数据类型，则通常认定该类是要被实例化的。但是在许多情况下，定义不被实例化为任何对象的类是很有用处的，这种类称为抽象类（abstract class）。因为抽象类要作为基类被其他类继承，所以通常也把它称为抽象基类（abstract base class）。

抽象类是带有纯虚函数的类。抽象类建立一族类的共同接口，从而使它们发挥多态性的作用。抽象类声明了一族派生类的共同接口，这些接口在抽象类中定义但是不做具体实现，而必须由其派生类自行定义，即定义纯虚函数的具体实现。

抽象类是不能被实例化的，即不能声明一个抽象类的对象，因为它的虚函数只有声明，没有实现。当通过抽象类派生出新的类之后，如果在派生类中将基类给出的所有纯虚函数都进行了实现，这个派生类就可以被实例化了，这个派生类就不再是抽象类了；如果这个派生类没有对基类中的所有纯虚函数进行实现（全部或者部分未实现），那么这个派生类依然是抽象类。虽然派生类不能被实例化，但是可以声明抽象类的指针或者引用，通过这个指针或者引用可以指向并访问派生类对象，从而访问派生类的成员，显然这种访问是带有多态特征的。

抽象类与具体类是相对的，能够建立实例化对象的类称为具体类（concrete class）。

【示例 12-3】抽象类的定义和使用。定义一个抽象类，在其派生类中实现虚函数接口 display()。程序主文件为 Inherit.cpp，Base.h 为 CBase 类定义头文件，CBase1.h 为 CBase1 类定义头文件，

CInheritCls.h 为 CInheritCls 类定义头文件。代码如下：

```cpp
//Base.h
#pragma once

class CBase                                            //抽象基类
{
public:
    CBase(){};
    virtual ~CBase(){};
    virtual void display() = 0;                        //纯虚函数接口
};

//Base1.h
#pragma once
#include "CBase.h"
#include <iostream>
#include <string>
using namespace std;

class CBase1 :public CBase                             //继承 CBase
{
public:
    CBase1(){};
    virtual ~CBase1(){};
    void display()                                     //实现虚函数接口
    {
        cout << "Base1::display()" << endl;
    }
};

// CInheritCls.h
#pragma once
#include "CBase1.h"

class CInheritCls :public CBase1                       //继承 CBase1
{
public:
    CInheritCls() {};
    virtual ~CInheritCls() {};
    void display()                                     //重载了基类 CBase1 的 display()函数
    {
        cout << "CInheritCls::display()" << endl;
    }
};

//Inherit.cpp
```

```
#include "CInheritCls.h"

void display(CBase& pBase)                          //调用类的display()成员函数
{
    pBasc.display();
}

int main()
{
    CBase1 b1;                                      //CBase的派生类对象
    CInheritCls i2;                                 //CBase1的派生类对象

    display(b1);                                    //调用CBase1的成员函数
    display(i2);                                    //调用CInheritCls的成员函数
}
```

程序运行结果如下：

```
CBase1::display()
CInheritCls::display()
```

分析：在示例 12-3 的程序中，CBase、CBase1、CInheritCls 是属于同一个类族的类。CBase 是一个抽象类，CBase1 派生于 CBase，CInheritCls 派生于 CBase1。其中，CBase 为一个抽象基类，它为整个类族提供了通用的外部接口 display()函数。display()函数在 CBase 中是一个纯虚函数，当 CBase1 继承了 CBase 时实现了此函数，所以 CBase1 不是抽象类，可以实例化。CInheritCls 继承了 CBase1，也是非抽象类。根据赋值兼容规则，抽象类的引用可以被任何一个派生类对象赋值。在主程序中，display(CBase& pBase)函数的 pBase 引用变量可以引用正在被访问的派生类的对象，这样就实现了对同一类族的对象进行统一的多态处理。

📢 注意：

在程序中，派生类的成员函数 display()并没有显式地用 virtual 关键字来声明，系统通过其与基类的虚函数有相同的名称、参数及返回值，从而自动判定其为虚函数。

12.4　本章实例

在一个企业中，员工由老板、销售员和生产人员组成。他们的薪水是按如下规则安排的。
- 老板：不管工作多长时间，他总是有固定的周薪。
- 销售员：收入是基本工资加上销售额的百分比。
- 生产人员：可分为计件工和小时工。计件工的收入取决于生产的工件数量；小时工的收入以小时计算，再加上加班费。

设计程序计算员工的薪水。

以下程序中工资周期以周（固定工作日 5 天）为单位。程序主文件为 Test.cpp，Employee.h 为 CEmployee 类定义头文件，Employee.cpp 为 CEmployee 类实现文件，Boss.h 为 CBoss 类定义头文件，Boss.cpp 为 CBoss 类实现文件，Commission.h 为 CCommission 类定义头文件，Commission.cpp 为 CCommission 类实现文件，Piece.h 为 CPiece 类定义头文件，Piece.cpp 为 CPiece 类实现文件，Hourly.h 为 CHourly 类定义头文件，Hourly.cpp 为 CHourly 类实现文件。代码如下：

```cpp
//Employee.h
#pragma warning(disable:4996)
#include<iostream>
using namespace std;
class CEmployee                                    //员工类
{
public:
    CEmployee( const char *first, const char *last );
    virtual ~CEmployee();
    const char *getFirstName() const;              //员工姓氏
    const char *getLastName() const;               //员工名字

    virtual double earnings() const = 0;           //纯虚函数接口，用于计算员工收入
    virtual void print() const;                    //虚函数，用于输出员工信息
private:
    char *firstName;                               //员工姓氏
    char *lastName;                                //员工名字
};
//Employee.cpp
#include "Employee.h"
#include <assert.h>                         //此头文件提供一个 assert 的宏定义，用于检测空指针
CEmployee::CEmployee( const char *first, const char *last )
{
    firstName = new char [strlen( first ) + 1 ];
    assert( firstName != 0 );              //如果为空指针，则输出错误信息，中断程序
    strcpy( firstName, first );

    lastName = new char [strlen(last ) + 1] ;
    assert( lastName != 0 );               //如果为空指针，则输出错误信息，中断程序
    strcpy( lastName, last );
}

CEmployee::~CEmployee()
{
    delete [] firstName;                   //释放内存空间
    delete [] lastName;                    //释放内存空间
}

const char *CEmployee::getFirstName() const
{
```

```
        return firstName;
    }

    const char *CEmployee::getLastName() const
    {
        return lastName;
    }

    void CEmployee::print() const
    {
        cout <<firstName <<''<<lastName;                    //输出员工姓氏和名字
    }
    //Boss.h
    #include "Employee.h"
    class CBoss :public CEmployee{                          //老板类
    public:
        CBoss(const char *, const char *, double = 0.0);    //构造函数
        virtual ~CBoss();
        void setBossSalary (double );                       //设定老板的固定工资
        virtual double earnings() const;
        virtual void print() const;
    private:
        double bossSalary;
    };
    //Boss.cpp
    #include "Boss.h"
    CBoss::CBoss(const char *first, const char *last, double s):CEmployee(first,last)
                                                                //构造函数并初始化基类
    {
        setBossSalary(s);
    }
    CBoss::~CBoss(){
    };

    void CBoss::setBossSalary(double s)                     //设置老板收入
    {
        bossSalary = s >0 ? s : 0;
    }

    double CBoss::earnings() const                          //实现虚函数，返回老板收入
    {
        return bossSalary;
    }

    void CBoss::print() const                               //输出老板的姓名
    {
        cout<<endl<<"Boss Name:";
        CEmployee::print();
```

```
}
//Commission.h
#include "Employee.h"
class CCommission:public CEmployee                    //销售员类
{
public:
    CCommission(const char *,
                const char *,
                double = 0.0,
                double = 0.0,
                int= 0);
    virtual ~CCommission();
    void setSalary(double);
    void setCommission(double);
    void setQuantity(int);
    virtual double earnings() const;
    virtual void print() const;
private:
    double salary;                                    //基本工资
    double commission;                                //销售一件产品的提成
    int quantity;                                     //销售总件数
};
//Commission.cpp
#include "Commission.h"                               //销售员类的实现
CCommission::CCommission(
    const char *first,
    const char *last,
    double s,
    double c,
int q ):CEmployee(first,last)
{
    setSalary(s);
    setCommission(c);
    setQuantity(q);
}
CCommission::~CCommission(){
};

void CCommission::setSalary(double s)
{
    salary = s > 0 ? s : 0;
}

void CCommission::setCommission(double c)
{
    commission = c > 0 ? c : 0;
}
```

```
void CCommission::setQuantity(int q)
{
    quantity = q > 0 ? q : 0;
}

double CCommission::earnings() const
{
    return salary + commission * quantity;        //收入为基本工资加销售提成
}

void CCommission::print() const
{
    cout << "\nCommission worker: ";
    CEmployee::print();
}
//Piece.h
#include "Employee.h"                             //计件工类
class CPiece:public CEmployee                     //从 CEmployee 继承而来
{
public:
    CPiece(const char*, const char*,
          double = 0.0, int = 0);
    virtual ~CPiece();
    void setWage(double);
    void setQuantity(int);
    virtual double earnings() const;
    virtual void print() const;
private:
    double wagePerPiece;                          //生产一件产品的收入
    int quantity;                                 //一个月的生产的数量
};
//Piece.cpp
#include "Piece.h"
//Constructor for class CPiece
CPiece::CPiece(const char *first,
             const char *last,
             double w,
             int q):CEmployee(first,last){
    setWage(w);
    setQuantity(q);
}
CPiece::~CPiece(){
};
void CPiece::setWage(double w)                    //工资生产一件产品的收入
{
    wagePerPiece = w > 0 ? w : 0;
```

```
}
void CPiece::setQuantity(int q)                        //产品数量设定
{
    quantity = q > 0 ? q : 0;
}


double CPiece::earnings() const                        //计算计件工的收入
{
    return quantity*wagePerPiece;
}


void CPiece::print() const                             //输出员工名字
{
    cout << "\n Piece worker:";
    CEmployee::print();                                //调用基类成员函数输出员工名字
}
Hourly.h
#include "Employee.h"
class CHourly:public CEmployee                         //计时工类
{
public:
    CHourly(const char *, const char *,
            double = 0.0, double = 0.0);
    virtual ~CHourly();
    void setWage(double);
    void setHours(double);
    virtual double earnings() const;
    virtual void print () const;
private:
    double wage;                                       //每小时工资
    double hours;                                      //每周工作时间
};
//Hourly.cpp
#include "Hourly.h"
//Constructor for class Hourly
CHourly::CHourly(const char *first,
                const char *last,
                double w,
                double h):CEmployee( first, last )
{
    setWage(w);
    setHours(h);
}


CHourly::~CHourly(){
};


void CHourly::setWage( double w )
```

```
{
    wage = w > 0 ? w : 0;
}
//Set the hours worked
void CHourly::setHours(double h )
{
    hours = h >= 0 && h < 168 ? h : 0;
}
double CHourly::earnings() const
{
    if (hours<=40)
        return wage*hours;
    else
        return 40*wage+(hours-40)*wage*1.5;
}
void CHourly::print() const
{
  cout << "\n  Hourly worker: ";
  CEmployee::print();
};
//Test.cpp
#include <iostream>
#include <iomanip>
#include "Employee.h"
#include "Boss.h"
#include "Commission.h"
#include "Piece.h"
#include "Hourly.h"
using namespace std;
//利用多态的动态绑定技术，定义函数，实现对不同对象的访问
void virtualViaPointer( const CEmployee* baseClassPtr )
{
    baseClassPtr->print();
    cout <<"earned $"<<baseClassPtr->earnings();
}
//利用多态的动态绑定技术，定义函数，实现对不同对象的访问
void virtualViaReference(const CEmployee& baseClassRef)
{
    baseClassRef.print();
    cout<<" earned $ "<<baseClassRef.earnings();
}
int main(int argc, char* argv[])
{
    cout<<setiosflags(ios::fixed|ios::showpoint)<< setprecision(2);

    CBoss b( "John", "Smith", 800.00 );
    b.print();                                              //静态绑定
```

```
    cout<<"earned $"<<b.earnings();               //静态绑定
    virtualViaPointer(&b);                        //动态绑定
    virtualViaReference(b);                       //动态绑定

    CCommission c( "Sue", "Jones", 200.0, 3.0, 150 );
    c.print();                                    //静态绑定
    cout<<"earned $"<<c.earnings();               //静态绑定
    virtualViaPointer(&c);                        //动态绑定
    virtualViaReference(c);                       //动态绑定

    CPiece p( "Bob", "Lewis", 2.5, 200 );
    p.print();                                    //静态绑定
    cout<<"earned $"<<p.earnings();               //静态绑定
    virtualViaPointer(&p);                        //动态绑定
    virtualViaReference(p);                       //动态绑定

    CHourly h( "Karen", "Price", 18.75, 40 );
    h.print();                                    //静态绑定
    cout<<"earned $"<<h.earnings();               //静态绑定
    virtualViaPointer(&h);                        //动态绑定
    virtualViaReference(h);                       //动态绑定
    cout<<endl;
    return 0;
};
```

程序运行结果如下：

```
Boss Name: John Smith earned $800.00
Boss Name: John Smith earned $800.00
Boss Name: John Smith earned $800.00
Commission worker: Sue Jones earned $650.00
Commission worker: Sue Jones earned $650.00
Commission worker: Sue Jones earned $650.00
Piece worker: Bob Lewis earned $500.00
Piece worker: Bob Lewis earned $500.00
Piece worker: Bob Lewis earned $500.00
Hourly worker: Karen Price earned $750.00
Hourly worker: Karen Price earned $750.00
Hourly worker: Karen Price earned $750.00
```

12.5　小结

本章主要讲述了多态的作用和实现机制。多态是 C++的基本特性之一，是面向对象程序设计的特色。读者应该深入理解多态性的作用。虚函数和多态性使得设计和实现易于扩展的系统成为可能。

在程序开发过程中，只要类已经建立，程序员就可以利用虚函数和多态性编写处理这些类对象的程序。不能实例化的类称为抽象类，在一般情况下，定义抽象类是很有用处的。抽象类必须作为基类被其他类继承，所以它通常被称为抽象基类。下一章将学习模板和命名空间的知识。

12.6 习题

一、单项选择题

1．下列关于动态联编的描述中，错误的是（   ）。
    A．动态联编是以虚函数为基础的
    B．动态联编是运行时确定所调用的函数代码的
    C．动态联编调用函数操作是指向对象的指针或对象引用的
    D．动态联编是在编译时确定操作函数的

2．关于纯虚函数和抽象类的描述中，错误的是（   ）。
    A．纯虚函数是一种特殊的虚函数，它没有具体的实现
    B．抽象类是指具有纯虚函数的类
    C．一个基类中说明有纯虚函数，该基类派生类一定不再是抽象类
    D．抽象类只能作为基类来使用，其纯虚函数的实现由派生类给出

3．下列描述中，（   ）是抽象类的特征。
    A．可以说明虚函数   B．可以进行构造函数重载
    C．可以定义友元函数   D．不能说明其对象

二、填空题

1．为了降低函数调用的时间开销，建议将小的、调用频繁的函数定义为_____，方法是在函数类型前加上_____关键字。
2．如果一个类中有一个或多个纯虚函数，则这个类称为_____。
3．类完成了面向对象程序设计的_____特性。
4．_____是一个在基类中说明的虚函数，但未给出具体的实现，要求在其派生类中实现。

三、程序设计题

设计圆类，并以圆类为基类派生圆柱类、圆锥类和圆球类（分别求出其面积和体积）。
要求如下：
（1）自行确定各类具有的数据成员、函数成员，如果需要对象成员，再自行设计相关类。
（2）在程序设计过程中，尽量多地涉及类继承与多态性的重要概念，如虚函数、纯虚函数、抽象基类等。

第 *13* 章

模板与命名空间

　　模板是 C++的另一个重要技术，它支持参数化多态性。参数化多态性是指将一段程序所处理的对象的类型参数化。利用模板技术可以使程序处理某个类型范围之内的各种类型的对象，这样就实现了高效率的代码重用。利用模板技术还可以使开发者快速建立具有类型安全的、通用的函数集合和类库集合，方便大规模的软件开发。本章的内容包括：

- 模板。
- 函数模板。
- 类模板。
- 命名空间。
- 标准模板库的介绍。

　　通过对本章的学习，读者可以有效地把握模板的使用、认识标准模板库并能正确地使用它。

13.1 模板

模板使函数和类的处理对象参数化，目的是使代码具有通用性。模板是实现代码重用机制的一种有效工具。

扫一扫，看视频

13.1.1 模板的概念

在程序中，某个程序的功能一般是针对某种特定类型的，此时这个程序只能对这种数据类型进行处理。如果将这种特定的数据类型说明为参数，那么加以修改后可以处理不同的数据类型。此时这个程序就可以被改造为模板。

C++程序的组成单位是函数和类，相应的模板可以分为函数模板（function template）和类模板（class template）。当定义了模板之后，这个模板就可以处理不同的数据类型，而不必显式地定义针对不同数据类型的各种版本的函数或者类了。

模板在使用时也需要进行实例化，模板、函数模板、类模板与对象之间的关系如图 13.1 所示。

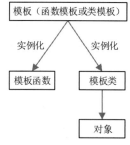

图 13.1 模板、函数模板、类模板与对象之间的关系

扫一扫，看视频

13.1.2 模板的作用

为什么要使用模板是首先需要了解的问题。下面通过实例来说明使用模板的必要性。

【示例 13-1】对两个整型变量的值进行交换的函数。代码如下：

```
void swap(int& a,int& b)
{
    int nTemp = a;              //将 a 的值保存在一个临时变量中
    a = b;                     //把 b 的值赋予 a
    b = nTemp;                 //b 被赋予 a 的原值
}
```

分析：这个函数只能针对 int 型数据。如果需要针对浮点型数据，则需要重载这个函数。

【示例 13-2】对两个浮点型变量的值进行交换的函数。代码如下：

```
void swap(float& a,float & b)
{
    float nTemp = a;           //将 a 的值保存在一个临时变量中
    a = b;                     //把 b 的值赋予 a
    b = nTemp;                 //b 被赋予 a 的原值
```

　　分析：如果还需要针对双精度型、字符型等类型数据，那么又要重载这个函数。这样做显然非常烦琐。但是如果定义了函数模板，则可以简化处理。

【示例 13-3】定义函数模板。代码如下：

```
template <class T>
void swap(T& a, T & b)
{
    T nTemp = a;                           //将 a 的值保存在一个临时变量中
    a = b;                                 //把 b 的值赋予 a
    b = nTemp;                             //b 被赋予 a 的原值
}
```

　　分析：定义了这个模板函数后，就可以用它处理不同的数据类型，从而不再需要多次重载，减小了程序的代码量。

【示例 13-4】书籍列表举例。代码如下：

```
class Book                                 //描述书的类
{
    …
};
class BookList                             //书的链表类
{
    public:
        void Add(Book&);                   //增加书
        void Edit(Book&);                  //编辑书信息
        void Delete(Book&);                //删除某本书的信息
        Book* Search(Book&);               //查找某本书
        …
    private:
        …
};
```

　　分析：BookList 是一个典型的链表类。它对书本集合进行增加、修改、删除、查找等操作。但是这个类只能针对于书本，无法扩展为对其他类似集合的操作。如果想要对其他类似集合进行操作，就需要重新定义类。但是如果将其改写成类模板，就可以解决这个问题。

　　通过示例 13-3 和示例 13-4 两个例子可以看出，模板可以最大限度地实现代码重用，使代码精简。

13.2　函数模板

　　函数模板是一类可以被实例化的特殊函数，通过它可以操作通用类型的数据。函数模板所处理的数据类型都是通过参数来体现的。在函数模板实例化的过程中，才将这些参数具体化为一种特定的数据类型。通过这样的处理方式，在定义函数时不必为每种数据类型都编写重复的相似代码。模板中表示数据类型的参数称为模板参数，这是一种特殊的参数，它能传递一种数据类型。当函数模板接收到这种数据类型且认为它合法时，函数模板就会使用它。

扫一扫，看视频

13.2.1　函数模板的定义和使用

声明一个函数模板参数类型的具体格式为：

```
template <class 类型标识符> 返回类型 函数名(函数形参表);
```

或者

```
template <typename 类型标识符> 返回类型 函数名(函数形参表);
```

这两种定义方式唯一不同的是使用关键字 class 或 typename 中的一个来作为原型。其中，template 是一个声明模板的关键字，它表示声明一个模板。所有的函数模板定义都是由关键字 template 开始的。

关键字 template 之后是用尖括号<>括起来的类型参数表。类型参数表中包含一个或多个由逗号分隔的类型参数项，每一项由关键字 class 和后面跟随的用户命名的标识符组成。此标识符为类型参数，不是一种数据类型，它可以同一般数据类型一样使用在函数中的任何地方。在使用函数模板时，必须将其实例化，即用实际的数据类型替代它。

【示例 13-5】建立一个返回两个对象中较大对象的模板函数。代码如下：

```
template <typename TheType>
TheType GetMax(TheType a, TheType b)
{
    return (a>b?a:b);
}
```

分析：这里建立了一个模板函数，用 TheType 作为它的参数，这个参数描述了一个还没被指定的参数类型。但如果它是一个合法（存在）的类型，那么就能在模板函数中使用它，函数模板 GetMax 返回的是一个不明确的参数。当编译器遇到模板函数时，不会编译它，只是检测它的语法。

在调用模板函数的功能时，其调用格式一般如下：

```
函数名<具体类型>(参数表);
```

【示例 13-6】调用 GetMax 来比较两个整数类型的大小。代码如下：

```
char a('A'),b=('B');
GetMax<char>(a,b);
```

分析：当编译器遇到被调用的模板函数时，使用传递的类型来替换所有出现的 TheType 作为一个真实的模板参数，以此产生一个函数并调用它。其生成的函数如下：

```
char GetMax(char a, char b)
{
```

```
        return (a>b?a:b);
}
```

这个结合实际处理类型生成新函数的过程就是函数模板的实例化过程。这个过程是编译器自动完成的，对程序员不可见。

📢 注意：

在调用模板函数时，<具体类型>可以省略，由系统自动判定。当<具体类型>不省略时，为显式实例化；当<具体类型>省略时，为隐式实例化。

【示例13-7】定义一个操作数组的函数模板，完成遍历数组输出元素的功能。代码如下：

```
#include <iostream>
using namespace std;

template <class T >
void printArray( const T *array, const int count )        //输出数组中每个元素的值
{
    for (int i = 0;i<count;i++)
            cout<<array [i]<<" ";
    cout<<endl;
}

int main()
{
    int nArray[10]={1,2,3,4,5,6,7,8,9,10};                //定义整型数组
    char cArray[]={'C', '+', '+', ' ', 'P', 'r', 'o', 'g', 'r', 'a','m'};
                                                          //定义字符数组

    printArray(nArray,sizeof(nArray)/sizeof(int));        //调用模板函数输出整型数组中的元素
    printArray(cArray,sizeof(cArray)/sizeof(char));       //调用模板函数输出字符数组中的元素
}
```

程序运行结果如下：

```
1 2 3 4 5 6 7 8 9 10
C + + P r o g r a m
```

分析：在示例13-7中，使用了两次函数模板printArray()，第一次的实参类型是int，第二次的实参类型是char。当每次调用正确的类型时，编译器将实例化这些模板。

值得注意的是，前面定义的GetMax()模板只能接收相同的参数，而不能接收两个不同的参数。例如：

```
char a('A');
int b (1);
GetMax(a,b);
```

是错误的。因为这个模板函数仅仅包括了一种类型的模板参数（typename TheType），并且函数模板

自身又接收了两个参数（都是类型 T）。因此，不能调用带有两个不同类型参数的函数模板。

如果需要使模板函数能接收更多类型的参数，则要赋予其更多的模板参数。例如：

```
template < typename TheType1, typename TheType2>
TheType1 GetMax(TheType1 a, TheType2 b)
{
  return (a>b?a:b);
}
```

在这种情况下，函数模板 GetMax()接收了两个不同类型的参数，并返回了一个和第一个被传递的参数类型相同的类型。定义过后，可以进行如下调用：

```
int a (1);
char b('A');
GetMax<int,char> (a,b);
```

在使用函数模板时，应注意函数模板参数的对应关系。

📢 注意：

函数模板并不是万能的，不是可以支持任何类型的。即使传入合法的类型，但是模板函数的实现并不支持此类型，也会返回错误的结果。

扫一扫，看视频

13.2.2　重载模板函数

模板函数虽然能针对众多的类型，但是不能针对所有类型。所以在必要时，还是需要重写模板函数。模板函数也可以像普通函数一样被重载。对于模板函数 GetMax()，它无法处理 char*类型的字符串。

【示例 13-8】定义一个返回两个变量中较大值的模板函数。代码如下：

```
#include <iostream>
using namespace std;

template <typename TheType>
TheType GetMax(TheType a, TheType b)
{
    return (a>b?a:b);
}

int main()
{
    char *p1=(char*)"C++";
    char *p2=(char*)"Hello";

    cout<<GetMax(p1,p2)<<endl;                          //调用模板函数
}
```

程序运行结果如下：

```
C++
```

分析：很明显，程序的输出结果是错误的，因为模板函数 GetMax()无法处理字符串。此时就可以重载这个模板函数，使其能处理字符串。

【示例 13-9】重载模板函数 GetMax()，使其支持字符串的返回。代码如下：

```cpp
#include <iostream>
using namespace std;

template <typename TheType>
TheType GetMax(TheType a, TheType b)
{
    return (a>b?a:b);                          //可以处理数字类型和字符类型
}
char* GetMax(char* a,char* b)
{
    return (strcmp(a,b)>0?a:b);                //可以处理字符串
}

int main()
{
    char a('A'),b=('B');
    char *p1=(char*)"C++";
    char *p2=(char*)"Hello";

    cout<<GetMax(a,b)<<endl;                   //调用模板函数
    cout<<GetMax(p1,p2)<<endl;                 //调用重载函数
}
```

程序运行结果如下：

```
B
Hello
```

分析：在示例 13-9 中，函数 char* GetMax(char* a,char* b)的名字与模板函数的名字相同，但操作不同，采用了字符串比较函数，这种情况就属于重载。当编译程序处理字符串时，首先会匹配重载函数，然后匹配模板函数。当程序进行重载函数的匹配时，结果符合这个非模板函数的规则，所以不再匹配模板函数，从而也不会产生模板函数的代码（实例化）。

13.3 类模板的定义和使用

扫一扫，看视频

类模板的作用是将类所处理的对象类型参数化。它使得类中的某些数据成员的参数和返回值能取任意数据类型。

类模板的定义格式一般如下：

```
template <类型参数表>
class 类名
{
    //类体
};
```

- template 是一个声明模板的关键字，它表示声明一个模板类。
- <类型参数表>中包含一个或者多个类型参数项，每一项由关键字 class 和后面跟随的一个用户自定义的标识符组成。这个标识符为类型参数。
- 在使用类模板时，必须先将其实例化，即用实际的数据类型代替类型参数。
- 当类模板中的成员函数在类定义体外定义时，必须被定义为一个函数模板的形式。

【示例 13-10】定义一个简单通用数组类模板，实现对一般数据类型数组的操作。程序主文件为 Test.cpp，Array.h 为 CArray 类定义头文件，Array.cpp 为 CArray 类实现文件，MyString.h 为 CMyString 类定义头文件，MyString.cpp 为 CMyString 类实现文件。代码如下：

```cpp
//Array.h
#pragma once
#include <iostream>
#include <iomanip>
#include <string.h>
using namespace std;

const int MIN_SIZE = 30;

template <class T>                                   //定义模板类
class CArray                                         //数组类
{
public:
    CArray(int nSize, T Initial);                    //构造函数，初始化数组
    ~CArray()                                        //析构函数，释放内存
    {
        delete[] m_pArray;
    }
    T& operator[](int nIndex)                        //重载数组下标运算符
    {
        return m_pArray[nIndex];
    }
    void Show(const int nNumElems);                  //输出前 nNumElems 个元素
    void Sort(int nNumElems);                        //将前 nNumElems 个元素进行排序
protected:
    T* m_pArray;                                     //数组指针
    int m_nSize;                                     //数组元素个数
};
```

```cpp
template <class T>
CArray<T>::CArray(int nSize, T InitVal)
{
    m_nSize = (nSize > 1) ? nSize : 1;            //保证 nSize 不小于 1
    m_pArray = new T[m_nSize];                    //开辟新空间
    for (int i = 0; i < m_nSize; i++)
            m_pArray[i] = InitVal;                //将元素全部初始化为 InitVal
}

template <class T>
void CArray<T>::Show(const int nNumElems)
{
    for (int i = 0; i < nNumElems; i++)
            cout << m_pArray[i] << ' ';
}

template <class T>
void CArray<T>::Sort(int nNumElems)               //对元素进行排序
{
    int nOffset = nNumElems;
    bool bSorted;
    //检查参数是否合法
    if (nNumElems < 2)
            return;
    do
    {
            nOffset = (nOffset * 8) / 11;
            nOffset = (nOffset < 1) ? 1 : nOffset;
            bSorted = true;
                //比较元素值大小
                for (int i = 0, j = nOffset; i < (nNumElems - nOffset); i++, j++)
                {
                        if (m_pArray[i] > m_pArray[j])
                        {
                                //交换元素
                                T nSwap = m_pArray[i];
                                m_pArray[i] = m_pArray[j];
                                m_pArray[j] = nSwap;
                                bSorted = false;//clear sorted flag
                        }
                }
    } while (!bSorted || nOffset != 1);
}

//MyString.h
#pragma once
#pragma warning(disable:4996)
```

```cpp
#include "Array.h"

class CMyString                                    //字符串类
{
public:
    CMyString(int nSize = MIN_SIZE)
    {
        m_pszString = new char[m_nSize = nSize];
    }
    CMyString(CMyString& String);
    CMyString(const char* pszString);
    CMyString(const char cChar);
    ~CMyString()
    {
        delete[]m_pszString;
    }
    int getLen()
    {
        return strlen(m_pszString);
    }
    int getMaxLen()
    {
        return m_nSize;
    }
    //重载运算符=
    CMyString& operator=(CMyString& aString);
    CMyString& operator=(const char* pszString);
    CMyString& operator=(const char cChar);
    //重载运算符>
    friend int operator > (CMyString& aString1, CMyString& aString2)
    {
        return(strcmp(aString1.m_pszString, aString2.m_pszString) > 0) ? 1 : 0;
    }
    friend ostream& operator << (ostream& os, CMyString& aString);
protected:
    char* m_pszString;                             //字符串指针
    int m_nSize;                                   //字符串中的字符个数
};

//MyString.cpp
CMyString::CMyString(CMyString &aString)
{
    m_pszString=new char[m_nSize=aString.m_nSize];
    strcpy(m_pszString,aString.m_pszString);
}
CMyString::CMyString(const char *pszString)
{
```

```
    m_pszString=new char[m_nSize=strlen(pszString)+1];
    strcpy(m_pszString,pszString);
}
CMyString::CMyString(const char cChar)
{
    m_pszString=new char[m_nSize=MIN_SIZE];
    m_pszString[0]=cChar;
    m_pszString[1]='\0';
}
CMyString &CMyString::operator=(CMyString &aString)
{
    //检查是否有足够的空间进行字符串的复制
    if(strlen(aString.m_pszString)<unsigned(m_nSize))
            strcpy(m_pszString,aString.m_pszString);
    else
            strncpy(m_pszString,aString.m_pszString,m_nSize-1);
    return *this;
}
CMyString &CMyString::operator=(const char *pszString)
{
    if(strlen(pszString)<unsigned(m_nSize))
            strcpy(m_pszString,pszString);
    else
            strncpy(m_pszString,pszString,m_nSize-1);
    return *this;
}
CMyString &CMyString::operator=(const char cChar)
{
    if(m_nSize > 1)
    {
        m_pszString[0]=cChar;
        m_pszString[1]='\0';
    }
    return *this;
}
ostream &operator <<(ostream &os,CMyString &aString)       //输出对象重载
{
     os <<aString.m_pszString;
     return os;
}

//Test.cpp
#include <iostream>
#include "MyString.h"
using namespace std;
```

```
int main()
{
    const int MAX_ELEMS = 10;
    int nArr[MAX_ELEMS] = { 89,34,32,47,15,81,78,36,63,83 };
    char cArr[MAX_ELEMS] = { 'C','W','r','Y','k','J','X','Z','y','s' };

    CArray<int> IntegerArray(MAX_ELEMS, 0);             //用 int 类型去实例化通用数组类模板
    CArray<char> CharArray(MAX_ELEMS, ' ');            //用 char 类型去实例化通用数组类模板
    CArray<CMyString> StringArray(MAX_ELEMS, " ");     //用自定义类型 CMyString 去实例化通用
                                                        //数组类模板

    for (int i = 0; i < MAX_ELEMS; i++)
            IntegerArray[i] = nArr[i];
    for (int i = 0; i < MAX_ELEMS; i++)
            CharArray[i] = cArr[i];
    //初始化 StringArray
    StringArray[0] = "London";
    StringArray[1] = "Paris";
    StringArray[2] = "Madrid";
    StringArray[3] = "Rome";
    StringArray[4] = "Athens";
    StringArray[5] = "Bern";
    StringArray[6] = "Lisbon";
    StringArray[7] = "Warsaw";
    StringArray[8] = "Berlin";
    StringArray[9] = "Dublin";
    //分别输出 IntegerArray 排序前后的内容
    cout << "Unsorted array is:" << endl;
    IntegerArray.Show(MAX_ELEMS/*, "Unsorted array is: "*/);
    IntegerArray.Sort(MAX_ELEMS);
    cout << "Sorted array is: " << endl;
    IntegerArray.Show(MAX_ELEMS/*, "Sorted array is: "*/);
    cout << endl;
    //分别输出 CharArray 排序前后的内容
    cout << "Unsorted array is: " << endl;
    CharArray.Show(MAX_ELEMS/*, "Unsorted array is: "*/);
    CharArray.Sort(MAX_ELEMS);
    cout << "\nSorted array is: " << endl;
    CharArray.Show(MAX_ELEMS/*, "Sorted array is: "*/);
    cout << endl;
    //分别输出 StringArray 排序前后的内容
    cout << "\nUnsorted array is:" << endl;
    StringArray.Show(MAX_ELEMS/*, "Unsorted array is: */);
    StringArray.Sort(MAX_ELEMS);
    cout << "\nSorted array is: " << endl;
    StringArray.Show(MAX_ELEMS/*, "Sorted array is: "*/);
}
```

程序运行结果如下：

```
Unsorted array is:
89 34 32 47 15 81 78 36 63 83
Sorted array is:
15 32 34 36 47 63 78 81 83 89
Unsorted array is:
C W r Y k J X Z y s
Sorted array is:
C J W X Y Z k r s y
Unsorted array is:
London  Paris  Madrid  Rome  Athens  Bern  Lisbon  Warsaw  Berlin  Dublin
Sorted array is:
Athens  Berlin  Bern  Dublin  Lisbon  London  Madrid  Paris  Rome  Warsaw
```

分析：在示例 13-10 中，定义了数组操作类模板。这个类模板可以处理基本类型的数组，如 int、char 类型数组等，也可以处理自定义类型的数组，如本例中的 CMyString 类数组。当编译器遇到对类模板的使用时，将根据类型实参表中所给的类型去替换类模板定义中的相应形参，从而生成一个真实的类，称其为类模板的一个实例。整个过程就是将类模板实例化的过程，这是一个隐藏的过程。类模板只有被实例化后才能定义对象，如本例中的对象 IntegerArray、CharArray、StringArray。

类模板的某一特定类型的实例称为模板类。类模板代表了一类，模板类表示某一具体的类。

☞提示：

关于模板编辑模型，在编写模板类时，函数的声明和定义通常都被放在头文件中，而不将实现放在.cpp 文件中，否则可能会导致链接错误。导致这种情况的原因是大多数编译器要求模板定义在以头文件为单位的转译单元中。模板只是一个设计模式，在编译器遇到应用实例前，它们是不直接产生代码的。例如，如果创建一个 CArray<int>实例并调用其中的某个类方法，编译器将需要找到函数定义。如果头文件中包含了该定义，则一切都会是正确的。但是如果定义被放在.cpp 文件中，编译器不能找到匹配的模式，也无法产生所需的代码。

在 C++标准中提供了一个模板分离机制对编译器进行辅助识别。这个机制通过使用 export 关键字来通知编译器模板使用了分离的编辑模板。例如：

```
//Array.h
Template <class T>
class CArray
{
public:
    CArray(int nSize,T Initial);
    …
}
//Array.cpp
export template <class T>      //分离模型
CMyString::CMyString(CMyString &aString)
{
```

```
        m_pszString=new char[m_nSize=aString.m_nSize];
        strcpy(m_pszString,aString.m_pszString);
    }
```

在头文件中直接包含模板定义的模型称为包含模型，上面采取分离形式定义的模型称为分离模型。目前，大部分编译系统不支持分离模型，Visual Studio 2022 也没有支持而只能采取包含模型。

13.4 命名空间

命名空间是 ANSI C++引入的可以由用户命名的作用域，它用来处理程序中常见的同名冲突问题。

扫一扫，看视频

13.4.1 程序中的命名冲突分析

在前面讲解函数时，简单学习了 C++语言中的变量作用域。C++中的作用域有文件作用域、函数作用域、复合语句作用域和类作用域等。在不同的作用域中，定义具有相同名称的变量是合法的，它们是互不干扰的，编译系统可以区分并正确使用它们。在 C++中，由于体系较为庞大，对变量等的定义和引用可能会产生同名现象，从而导致命名的重复和引用的不确定性。下面分析几种较为常见的命名冲突现象。

1. 相同的全局变量的命名

在文件中可以定义全局变量，它的作用域是整个程序。在同一个作用域中不应该出现两个或多个同名的实体（变量、函数、类等）。

【示例 13-11】在文件中定义全局变量。代码如下：

```
//在文件 A 中定义了一个变量 a
int a=10;
//在文件 B 中可以再定义一个变量 a
int a=20;
```

分析：如果分别对文件 A 和 B 进行编译与链接是不会有问题的。但是如果在一个程序中同时包括了文件 A 和 B，那么在进行链接时编译器就会报错。因为在同一个程序中有两个同名的变量，编译器会认为是对变量的重复定义。

解决的办法之一是通过 extern 声明：同一程序中的两个文件中的同名变量是同一个变量。例如，在文件 A 中定义了变量 a，在文件 B 中可以用如下方式来声明。

```
extern int a;
```

通过这个声明，编译器得知文件 B 中的变量 a 是在其他文件中已定义的变量。由于有此声明，在程序编译和链接后，文件 A 中变量 a 的作用域扩展到了文件 B。如果在文件 B 中不再对 a 赋值，则在文件 B 中的以下语句输出的是文件 A 中变量 a 的值。

```
cout<<a;                                    //得到 a 的值为 10
```

2. 命名冲突

在大型的软件开发中，一般程序是分模块完成的。此时在各个模块中可能会产生同名的实体，从而产生命名冲突。

【示例 13-12】在不同的模块中分别定义了类，放在不同的头文件中，最后通过主函数来进行引用。代码如下：

在模块 A 中定义了 Student 类和函数 func，放在头文件 Student1.h 中。

```
//Student1.h
class Student //声明 Student 类
{
    public:
        Student(string name);
        …//其他成员函数
    private:
        string name;
        …//其他数据成员
};
char func();
```

在模块 B 中也定义了 Student 类和函数 func，放在头文件 Student2.h 中。但其内容与头文件 Student1.h 中的类 Student 和函数 func 有所不同。

```
//Student2.h
class Student //声明 Student 类
{
public:
        Student();
        …//其他成员函数
    private:
        int stu_no;
        …//其他数据成员
};
char func();
```

假如程序员在其程序中要用到 Student1.h 中的 Student 类和函数 func，因而在程序中包含了头文件 Student1.h。同时要用到头文件 Student2.h 中的一些内容，因而在程序中又包含了头文件 Student2.h。如果主文件代码如下：

```
#include <iostream>
using namespace std;
#include "Student1.h"                        //包含头文件 1
#include "Student2.h"                        //包含头文件 2
int main()
{
```

```
Student stud1("Zhang");
…//操作
func();
return 0;
}
```

这时程序编译就会出错。因为在预编译后，编译器发现了两个 Student 类和两个 func 函数，从而认为是重复定义。这种情况就产生了命名冲突，即在同一个作用域中有两个或多个同名的实体。

3．全局命名空间污染

在程序中经常需要引用一些库，如 C++编译系统提供的标准库、由第三方软件开发商提供的开发库或者用户自己开发的库等。如果在这些库中含有与程序中定义的全局实体同名的实体，或者不同的库之间有同名的实体，则在编译时都会出现命名冲突，这称为全局命名空间污染（global namespace pollution）。

扫一扫，看视频

13.4.2 命名空间的概念

对于程序中的命名冲突问题，C 语言和早期的 C++语言都没有提供有效的解决机制。直到 ANSI C++的诞生，才利用命名空间来解决了这个问题。在学习本书前面各章时，读者已经多次看到在程序中用了以下语句。

```
using namespace std;
```

这就是使用了命名空间 std。命名空间是由开发者命名的一个作用域区域，这些区域称为空间域。开发者可以根据需要指定一些有名称的空间域，把自定义的实体放在这个空间域中，保证使其与外界分离。这样使用可以使空间域内部实体不会与外界产生冲突。定义命名空间的一般形式为：

```
namespace <命名空间名>
{
    … //命名空间实体
}
```

参数说明：
- namespace 是定义命名空间所必须写的关键字。
- <命名空间名>是由用户自己指定的命名空间的名称。
- 大括号内是声明块，在其中声明的实体称为命名空间成员（namespace member）。命名空间成员可以包含变量、常量、结构体、类、模板、命名空间等。

【示例 13-13】定义命名空间 myns。代码如下：

```
namespace myns //指定命名空间myns
{
    int a;
    char c;
}
```

分析：如果在程序中要使用变量 a 和 c，必须加上命名空间名和作用域限定符 "::"，如 myns::a、myns::c。这种用法称为命名空间限定（qualified），这些名称（如 myns::a）称为被限定名（qualified name）。

在程序开发过程中，可以根据实际情况定义多个命名空间，把不同的库中的实体放到不同的命名空间中，即用不同的命名空间把不同的实体隐蔽起来。

◀» 注意：

全局变量在这里可以理解为全局命名空间，它独立于所有命名空间之外，并且不需要用 namespace 声明，而是由系统隐式声明的，存在于每个程序之中。

13.4.3 命名空间的使用

扫一扫，看视频

通过前面的学习可以知道，在引用命名空间成员时，要用命名空间名和作用域限定符对命名空间成员进行引用限定，以区别不同的命名空间中的同名标识符。对命名空间成员引用的一般形式为：

命名空间名::命名空间成员名

通过这种引用方式，可以保证所引用的实体有唯一的名称，编译器能够解析到唯一的成员。使用命名空间，主要有以下几种方法。

1. 命名空间的别名

在定义一个命名空间后，我们可以为其起一个别名。

【示例 13-14】为命名空间起别名。代码如下：

```
namespace NameSpaceGraduateStudent //声明命名空间，名为 NameSpaceGraduateStudent
{
    …
}
```

分析：这个命名空间的名称比较长，不容易记忆和书写，我们可以为其起一个较为合适的别名来代替它。

```
namespace NSGS=NameSpaceGraduateStudent;//别名 NSGS 与原名 NameSpaceGraduateStudent 等价
```

以上语句的含义，即别名 NSGS 指向原名 NameSpaceGraduateStudent，在原来出现 NameSpaceGraduateStudent 的位置都可以无条件地用 NSGS 来代替它。

2. 使用 using 引入命名空间中的成员

using 的作用是引入命名空间或命名空间中的成员，它后面必须是由命名空间限定的名称。

【示例 13-15】利用 using 引入命名空间中的成员。代码如下：

```
using Stu::CStudent;
```

分析：通过上面的引用，如果以后需要使用该命名空间中的 CStudent 成员，就不必再用命名空间限定，直接引用 CStudent 即可。

例如，在用上面的 using 声明后，在其后程序中出现的 Student 就是隐含地指 Stu::CStudent。如果在以上 using 语句之后有以下语句：

```
CStudent student ("Zhang");        //此处的 CStudent 相当于 Stu::CStudent
```

上面的语句相当于

```
Stu::CStudent student ("Zhang");
```

又如：

```
using Stu::fun;                    //声明其后出现的 fun 属于命名空间 Stu 中的 fun
cout<<fun()<<endl;                 //此处的 fun 函数相当于 Stu::fun()
```

通过这样的引用方式，可以避免每次引用成员时都需要用命名空间限定，减少编码长度，也方便阅读和使用。

◀》注意：

在同一作用域中，用 using 声明的不同命名空间的成员中不能有同名的成员现象，否则会产生二义性错误。

【示例 13-16】引入命名空间成员时产生同名现象。代码如下：

```
using Stu:: CStudent;              //声明其后出现的 CStudent 是命名空间 Student 中的 CStudent
using GraStu:: CStudent;           //声明其后出现的 CStudent 是命名空间 GraStu 中的 CStudent
CStudent stud1;                    //无法确定此处的 CStudent 是哪个命名中间中的 CStudent
```

分析：这样就产生了命名冲突，导致编译出错。解决办法是通过命名空间名直接引用，即

```
Stu::CStudent student("zhang");
GraStu:CStudent grastu("zhang");
```

这样，编译器就能正确识别成员来自哪个命名空间。

3. 使用 using namespace 引入命名空间

上面介绍的使用 using 引入命名空间成员名的方法，一次只能引入命名空间中的一个成员。如果需要引用很多命名空间中的成员，则会非常不方便。C++提供了 using namespace 语句来实现一次性引入命名空间全部成员的目的。using namespace 语句的一般格式为：

```
using namespace 命名空间名;
```

【示例 13-17】利用 using namespace 引入命名空间中的全部成员。代码如下：

```
using namespace Stu;
```

分析：利用 using namespace 直接引用了命名空间后，再使用该命名空间的任何成员时就不必用

命名空间名来进行限定了。例如：

```
CStudent student ("Zhang");        //CStudent 隐含指命名空间 stu 中的 Student
cout<<fun()<<endl;                 //这里的 fun 函数是命名空间 stu 中的 fun 函数
```

在用 using namespace 引入命名空间时，也需要注意二义性的问题。当用 using namespace 引入的多个命名空间中有相同的成员名时，使用就容易出错。

【示例 13-18】利用 using namespace 引入多个命名空间可能产生的同名错误。代码如下：

```
using namespace Stu;               //引入 Stu 命名空间，Stu 包含 CStudent 类和 fun 函数
using namespace GraStu;            //引入 GraStu 命名空间，GraStu 包含 CStudent 类和 fun 函数
CStudent student("zhang",20);
cout<<fun();
```

分析：由于两个命名空间中有同名的类和函数。在使用 CStudent 类和 fun 函数时出现了二义性，编译出错。在使用多个命名空间时，要确认其中是否有同名类或函数。当存在同类或函数时，应该通过命名空间名直接引用。

4．无名的命名空间

在 C++中还可以定义没有名称的命名空间。代码如下：

```
namespace                          //命名空间没有名称
{
  void fun( )                      //定义命名空间成员
  {
    …
  }
}
```

由于命名空间没有名称，在其他文件中无法引用，它只在本文件的作用域内有效。

13.4.4　标准命名空间 std

C++定义了标准库，标准库也需要解决与其他库的命名冲突问题。因此，C++将标准库中所有的成员放在一个名称为 std 的命名空间中。std 是 standard（标准）的缩写形式，它表示命名空间中存放的是与标准库有关的内容。标准头文件中的各种类、函数、对象和类模板等都被包含在此命名空间中。引入标准命名空间的形式为：

```
using namespace std;
```

在程序中没有引入标准命名空间时，若要使用其中的成员，则使用 std 来进行限定。

【示例 13-19】引用标准库中的成员。代码如下：

```
std::cout<<"C++"<<endl;
```

分析：读者可以在一些书籍和代码中看到类似用法。但是这样明显不是太方便，大部分的程序

都是直接引入标准命名空间的。在程序头文件或者实现文件的开头加入以下 using namespace 声明：

```
using namespace std;
```

这样，在 std 中定义和声明的所有标识符在本文件中都可以作为全局量来使用。但是应当绝对保证在程序中不出现与命名空间 std 中的成员同名的标识符。

但是 C++库比较庞大，开发者不可能记住其中全部的标识符，如果直接引用了全部成员，有可能会与自定义的类、函数等产生冲突。所以大部分开发者还是喜欢用"using 命名空间成员"声明来代替"using namespace 命名空间"声明，将自己知道的类、对象等引入程序，从而降低出错概率。

【示例 13-20】引用标准库中的成员。代码如下：

```
using std::cin;
using std::cout;
using std::cerr;
```

 技巧：

当类似的引入语句很多时，开发者可以将它们组织在一起放入一个头文件中。那么在需要的文件中只要包含此头文件即可，而不必在每个头文件中重复书写这些语句。

扫一扫，看视频

13.4.5　C++头文件的使用

在 C 和 C++中都有头文件，它相当于一本书的目录。其主要作用是为用户提供调用其实现的外部接口。例如，一些厂商开发的库不对外公开代码，那么开发者就是通过头文件来了解库中的内容。

C 语言的头文件风格和 C++头文件的风格在一定程度上有一定的不同。下面分析它们各自的特点。

1．C 语言风格的头文件

C 语言的头文件名包括后缀".h"，如 stdio.h、stdlib.h 等。C 语言中没有命名空间的概念，因此头文件并不存放在命名空间中。如果在 C++程序中使用到了 C 语言风格的头文件，不必用命名空间，只需在文件中包含所用的头文件即可。

【示例 13-21】C 语言风格的头文件引用。代码如下：

```
#include <stdio.h>
```

2．C++中的新头文件风格

在 C++中定义了一种新风格的头文件，它不包含后缀".h"，以区别于 C 语言风格的头文件。这是 C++标准库中要求的一种头文件格式，如 ios、iostream、string、list 等。

【示例 13-22】C++语言风格的头文件引用。代码如下：

```
#include <iostream>
```

C++标准库中的一些功能是从 C 语言发展而来的，为了表示这些头文件与 C 既有联系又有区别，C++为其定义了新的头文件名。其特点是在 C 语言相应的头文件名之前加一个字母"C"，但没有后缀名".h"，如 C 语言中有关输入与输出的头文件名为 stdio.h，在 C++中相应的头文件名为 CSTDIO（一般 C++头文件名是大写的，少数头文件名小写，这并不影响在程序文件中对其的引用）。C 语言中的头文件 stdlib.h 在 C++中相应的头文件名为 CSTDLIB。C 语言中的头文件 string.h 在 C++中相应的头文件名为 CSTRING。

此外，引用 C++语言风格的头文件，其中的类、函数等都是被包含在标准命名空间中的。因此在引用时，需要在程序中引入标准命名空间 std。

【示例 13-23】引用 C++语言风格的头文件时引入标准命名空间 std。代码如下：

```
#include <cstdio>
#include <cmath>
using namespace std;                        //引入标准命名空间
```

目前，大多数 C++编译系统既支持 C 语言风格头文件的使用，又支持 C++风格头文件的使用。这两种方式是等价的，可以自由使用。但是编写标准的 C++程序时，还是提倡开发者使用 C++风格的头文件使用方式。

13.5　本章实例

约瑟夫（Josephus）问题：假设有 n 个小孩坐成一个环，从第一个小孩开始数数，如果数到第 m 个小孩，则该小孩离开。问最后留下的小孩是第几个小孩？

分析：如果总共有 6 个小孩，围成一圈，从第一个小孩开始，每次数 2 个小孩，则游戏情况如下。

小孩序号：1、2、3、4、5 和 6。

离开小孩序号：2、4、6、3 和 1。

最后获胜小孩序号：5。

操作步骤如下：

（1）建立工程。建立一个"Win32 Console Application"程序，工程名为"Josephus"。程序主文件为 Josephus.cpp，JosephusRing.h 为 JosephusRing 类定义头文件，JosephusRing.cpp 为 JosephusRing 类实现文件。

（2）新建头文件 JosephusRing.h，在其中输入以下代码：

```
//JosephusRing.h
#pragma once
#include <iostream>
#include <iterator>
#include <list>
using namespace std;
```

```
template <class Type>
class JosephusRing
{
    list <Type> lst;
public:

    class iterator;
    friend class iterator;
    class iterator :public std::iterator<std::bidirectional_iterator_tag, Type,
ptrdiff_t>
    {
        typename list<Type>::iterator it;
        list<Type>* r;

    public:
        iterator(list<Type>& lst, const typename list<Type>::iterator& i) :it(i),
r(&lst) {}

        bool operator==(const iterator& x)const
        {
            return it == x.it;
        }

        bool operator!=(const iterator& x)const
        {
            return!(*this == x);
        }

        typename list<Type>::reference operator*()const
        {
            return *it;
        }

        iterator& operator++()
        {
            ++it;
            if (it == r->end())
                it = r->begin();
            return *this;
        }

        iterator operator++(int)
        {
            iterator tmp = *this;
            ++* this;
            return tmp;
```

```
            }

            iterator& operator--()
            {
                    if (it == r->begin())
                            it = r->end();
                    --it;
                    return *this;
            }
            iterator operator--(int)
            {
                    iterator tmp = *this;
                    --* this;
                    return tmp;
            }

            iterator insert(const Type& x)
            {
                    return iterator(*r, r->insert(it, x));
            }

            iterator erase()
            {
                    return iterator(*r, r->erase(it));
            }

    };

    void push_back(const Type& x)
    {
            lst.push_back(x);
    }

    iterator begin()
    {
            return iterator(lst,lst.begin());
    }

    int size()
    {
            return lst.size();
    }
};
```

（3）在文件 Josephus.cpp 中输入以下代码：

```
//Josephus.cpp
```

```cpp
#include "JosephusRing.h"

int main()
{
    int n,m;
    cout << "输入小孩总数：";
    cin >> n;
    cout << "每次数的孩子数：";
    cin >> m;

    JosephusRing<int> Josephus;
    for (int i = 1; i <= n; i++)
    {
        Josephus.push_back(i);
    }

    JosephusRing<int>::iterator tmp = Josephus.begin();
    JosephusRing<int>::iterator it = tmp;

    for (int index = 0; index < n - 1; index++)
    {
        it = tmp;
        for (int j = 0; j < m - 1; j++)
        {
            it++; tmp++;
        }
        tmp++;
        cout << "离开的孩子: " << *it << endl;
        it.erase();
    }
    it = Josephus.begin();

    cout << "最后剩下的孩子: " << *it << endl;
}
```

（4）程序运行结果如下：

输入小孩总数：6
每次数的孩子数：2
离开的孩子：2
离开的孩子：4
离开的孩子：6
离开的孩子：3
离开的孩子：1
最后剩下的孩子：5

13.6 小结

本章主要讲述了模板和命名空间的用法。模板是实现代码重用机制的一种工具，它可以实现参数类型化，即把类型定义为参数，从而实现真正的代码可重用性。模板可分为函数模板和类模板。函数模板是一种能操作通用类型的特殊函数。类模板使用户可以为类定义一种模式，使得类中的某些数据成员、某些成员函数的参数和返回值能取任意数据类型。命名空间是 ANSI C++引入的可以由用户命名的作用域，它用来处理程序中常见的同名冲突。下一章将讲述 C++中的标准模板库（STL）的知识。

13.7 习题

一、单项选择题

1．下列有关类的说法中，不正确的是（　　　）。
　　A．对象是类的一个实例
　　B．任何一个对象只能属于一个具体的类
　　C．一个类只能有一个对象
　　D．类与对象的关系和数据类型与变量的关系相似
2．下列（　　）的功能是对对象进行初始化。
　　A．析构函数　　　B．数据成员　　　C．构造函数　　　D．静态成员函数
3．在定义一个派生类时，若不使用保留字显式地规定采用何种继承方式，则默认为（　　　）方式。
　　A．私有继承　　　　　　　　　　B．非私有继承
　　C．保护继承　　　　　　　　　　D．公有继承

二、填空题

1．类有两种用法：一种是类的实例化，即生成类的＿＿＿＿＿；另一种是通过＿＿＿＿＿派生出新的类。
2．函数的形参在未被调用之前＿＿＿＿＿＿分配空间，函数形参的类型＿＿＿＿＿＿＿要与实参的相同。

三、程序设计题

1．编写一个函数模板，分别求一组数里面数据的最大值、最小值和平均值。
2．编写一个函数模板，实现数据交换的操作。

第 *14* 章

标准模板库

标准模板库（standard template library，STL）是一组通用容器（数据结构）和算法的集合，它主要利用模板技术实现。标准模板库为开发者提供了很多标准化的组件，开发者在开发程序中只需要直接利用这些组件即可，而不用去重新开发它。本章的内容包括：

- 泛型化编程的概念。
- STL 的产生和内容。
- 容器。
- 迭代器。
- 算法。

通过对本章的学习，读者可以理解 STL 中的主要概念，并能基本掌握 STL 的用法。

14.1　泛型化编程与 STL 介绍

泛型化编程是一种较新的技术，目前它已经被大部分语言支持。通过泛型化编程可以实现代码的通用性和提高代码的效率。在 C++ 中是通过 STL 来实现泛型化编程的。

14.1.1　泛型化编程的概念

开发人员在开发程序时，总是希望编写的代码简洁、能够处理更多的事情，特别是在针对不同数据类型但是操作过程类似的程序中。由于操作的数据类型不同，可能需要编写几个类似的函数。通过前面的学习可以了解，这样的情况可以通过模板技术来实现，这样可以减少代码量，提高程序的通用性。

扫一扫，看视频

通过上面的分析可知，开发者希望能开发出一套对类型依赖不紧密的代码，这也就是泛型化（从字面上即可了解，泛型即普遍的类型，不是具体的类型）编程（generic programming）的初衷。泛型化编程思想是一种将程序要处理的数据类型参数化的设计思想模式。泛型化编程的基本思想是：在保证效率的前提下，将算法从具体的应用中抽象出来而创建一个通用的算法库。使用泛型化编程可以最大限度地重用代码、保护类型的安全及提高性能。

泛型化编程思想诞生于 20 世纪 70 年代后半期。目前，泛型化编程已经被作为一门单独的技术来进行研究。很多高级语言都开始支持泛型化编程，每种语言实现泛型的方式不同。泛型化编程在 1987 年才运用于 C++ 上，C++ 支持泛型化编程是通过模板技术来实现的，其中最典型的就是 STL。

14.1.2　C++ 标准库与 STL 的内容

C++ 编译系统除了支持语言本身外，还提供 C++ 标准中规定的标准库函数的实现。标准库中提供了 C++ 程序的基本设施，C++ 标准库中主要有以下组件。

扫一扫，看视频

- 标准 C 库：包含了 C 语言中的定义和函数，保持对 C 语言的支持。
- I/O：输入/输出流。
- 对国际化的支持。
- 对数字处理的支持。
- 诊断支持。

C++ 标准库中的另一个重要组成部分是 STL。图 14.1 中显示了 C++ 标准库和 STL 中的主要内容。

STL 最初由惠普实验室开发，后来被纳入 ANSI/ISO C++ 中。STL 是通过模板来实现的，其中包含了一系列具有良好结构的通用 C++ 组件，通过这些组件的协作可以提供强大的功能。

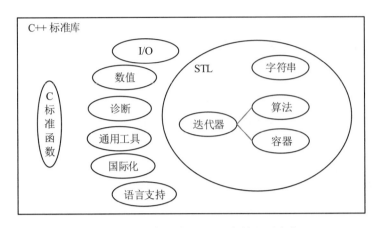

图 14.1　C++ 标准库和 STL 中的主要内容

　　总体而言，STL 是一个泛型化的数据结构和算法库，它可以被应用于任何语言。但是之所以使用 C++ 来实现 STL，是因为它具有更强大的优越性，如语言的高效率、灵活的指针等。

　　C++ 标准库为开发者提供了一个可扩展的基础性框架。STL 是 C++ 标准库中的一个子集，这个庞大的子集占据了整个库大约 80% 的分量。STL 主要包括以下组件。

- 容器（containers）：容器是可容纳一些数据的模板类，我们可以将其看作一种数据结构。STL 包含了许多数据结构，如 list（链表）、vector（向量）、queue（队列）、stack（堆栈）等，另外 string 类也可看作一个容器（string 是模板 basic_string 的一个实例）。
- 算法（algorithms）：包含了大约 70 个通用算法，用于操控各种容器。
- 迭代器（iterators）：迭代器类似于 C 语言中的指针，用来遍历 STL 容器中的部分或全部元素，从而达到操作容器中数据的目的。

　　总体来说，C++ 标准库包含了 STL，而 STL 主要包含容器、算法和迭代器。所以 string 也可以看作 STL 的一部分。

14.2　STL 的使用

　　STL 功能强大，使用它能够快速地开发出高效率的程序。在使用 STL 时，主要涉及容器、迭代器、算法等概念和用法。本节介绍如何使用 STL。

扫一扫，看视频

14.2.1　容器

　　从数据结构课程的学习中可以看出，经典的数据结构数量是有限的。但是在实际开发中却常常重复实现这些数据结构的代码。这些代码的大部分内容是类似的，不同之处只是为了适应不同的数据和操作而进行的细微改动。STL 容器其实已经提供了这些，STL 容器对最常用的数据结构提供了非常好的支持。开发者只需要通过设置 STL 模板类的一些参数，就可以快速地建立适合自己程序的数据结构。

🔊 注意：

　　容器是可以保存其他类型对象的类。它的任务是将需要操作的元素聚合在其中，起到数据组织的作用。例如，前面学习的数组其实也可以看作一种容器。它将相同类型的数据按照一定顺序组织存储起来，以方便对这些元素进行相关操作。

1. 容器的构成

　　在 STL 中，容器按照存储结构可分为顺序容器（sequence container）和关联容器（associative container）。

　　顺序容器将其中的对象组织成一个有限线性的结构，所有对象都是相同类型的元素。STL 中包含三种基本的顺序容器：线性表（list）、向量（vector）和双向队列（deque）。

　　关联容器则是通过其内部处理机制来将进入其中的元素进行一定的排列，以使其具有数据的快速检索能力。一般情况下，这种快速检索是基于 key 值的，即一个 key 对应一个或者多个元素。STL 有 4 种关联容器：当一个 key 对应一个 value 时，可以使用集合（set）和映射（map）；若同一 key 对应多个元素，可以使用多集合（multiset）和多映射（multimap）。

　　STL 容器及其相应的头文件见表 14.1。

表 14.1　STL 容器及其相应的头文件

数 据 结 构	描　　述	头 文 件
向量（vector）	连续存储的元素集合，类似一维动态数组，为顺序容器	\<vector\>
列表（list）	双向链表，由结点组成，每个结点包含一个元素	\<list\>
双队列（deque）	连续地存储一组指针，这些指针指向不同的元素，本质为数组，支持数组下标操作	\<deque\>
集合（set）	由结点组成的红黑树，每个结点都包含一个元素，结点之间以某种作用于元素对的谓词排列。任何两个不同的元素不能拥有相同的次序	\<set\>
多重集合（multiset）	允许两个元素拥有相同次序的集合	\<set\>
栈（stack）	先进后出数据结构的实现	\<stack\>
队列（queue）	先进先出数据结构的实现	\<queue\>
优先队列（priority_queue）	元素的次序是由作用于所存储的值对上的某种谓词决定的一种队列	\<queue\>
映射（map）	由{键,值}对组成的集合，以某种作用于键对上的谓词排列	\<map\>
多重映射（multimap）	允许键对有相同次序的映射	\<map\>

　　对于这些容器的细节，本书不作详细的介绍。这些细节功能需要读者结合后面数据结构的知识在具体实践中去学习。

2．声明容器

声明具体容器实例的一般形式为：

容器<存储类型> 实例名

下面通过两个例子来说明容器的使用。

【示例 14-1】vector 使用举例：随机产生一组数值，将其存储后输出。代码如下：

```cpp
#include <iostream>
#include <vector>
#include <ctime>
using namespace std;

int main()
{
    vector<int> arrNum;                    //声明一个 vector 实例，其存储的元素为 int
    srand((unsigned)time(NULL));           //初始化随机数发生器种子

    for (int i = 0; i < 10; i++)
    {
        arrNum.push_back(rand());          //将随机数存入 arrNum 中，push_back()函数将元素
                                           加入 vector 尾部
    }

    for (int i = 0; i < arrNum.size(); i++)        //输出所有值
    {
        cout << arrNum[i] << " ";
    }
    cout << endl;

    cout << "元素个数" << arrNum.size() << endl;

    cout << "第三个元素为" << arrNum.at(2) << endl;        //输出特定的元素
    arrNum.pop_back();                                    //删除最后一个元素

    for (int i = 0; i < arrNum.size(); i++)        //输出所有值
    {
        cout << arrNum[i] << " ";
    }
    cout << endl;
}
```

程序运行结果（随机数视具体机器而定）如下：

```
32442 25468 20706 29345 22722 26804 17550 21980 7053 25881
元素个数 10
第三个元素为 20706
32442 25468 20706 29345 22722 26804 17550 21980 7053
```

在操作容器中的数据时，经常需要 STL 中的另一个组件迭代器来辅助操作。这个例子只是展示了 vector 的最基本操作。

【示例 14-2】利用 STL 的 list 类对字符串进行操作。代码如下：

```
#include <string>
#include <list>
using namespace std;

int main()
{
    list<string> myStrList;
    //使用 list 的成员函数 push_back 和 push_front 插入一个元素到 list 中
    myStrList.push_back("C");
    myStrList.push_back("C++");
    myStrList.push_front("Basic");
    myStrList.push_front("Pascal");

    cout<<myStrList.size()<<endl;
}
```

程序运行结果如下：

```
4
```

在上面的代码中，list<string> myStrList 声明了 list<string>模板类的一个实例，然后实例化这个类的一个对象。通过 list 的成员函数来操作其中的元素。

3．编译中的问题

在 Visual Studio 2022 环境下编译 STL 程序时，可能会出现如下警告信息：

```
warning C4786: '…' : identifier was truncated to '255' characters in the debug information
```

这是因为编译器在 Debug 状态下编译时，把程序中所出现的标识符长度限制在了 255 个字符范围内。如果超过最大长度，这些标识符就无法在调试阶段查看和计算了，因而产生警告。如果在 Release 版本下，则不会输出警告。

在 STL 程序中用到了大量模板函数和模板类，编译器在实例化这些内容时，展开之后所产生的标识符往往很长（有的可能有上千个字符）。为了消除这种没有必要的警告，我们可以在预编译头文件中加入以下语句：

```
#pragma warning(disable: 4786)
```

以此来强制编译器忽略这个警告信息。

14.2.2　迭代器

迭代器从本质上讲是指针的泛化。通过迭代器可以以相同的方式处理不同的数据结

扫一扫，看视频

构（容器）。迭代器是容器和算法之间的纽带，使算法不必关心各种数据结构的具体细节。STL 有以下 5 种迭代器。

- 输入迭代器（input iterator）：这里的输入是指向迭代器中输入数据，这些数据来自于容器。输入迭代器可以读取容器中的数据，但是输入迭代器只负责把数据传送给程序，不会改变容器中元素的值。
- 输出迭代器（output iterator）：这里的输出是指将信息从程序传输给容器，因此输出迭代器对于容器来说是输入。
- 正向迭代器（forward iterator）：也被称为向前迭代器，正向迭代器只使用++操作符来遍历容器，所以它每次沿容器中的元素位置向前移动一个元素。
- 双向迭代器（bi-directional iterator）：它具有正向迭代器的所有特征，同时支持-操作符，即可向后移动一个元素。
- 随机访问迭代器（random access iterator）：它具有双向迭代器的所有特性，同时支持随机访问和比较指针大小操作。

迭代器的类被封装在命名空间 std 中，迭代器主要由头文件<utility>、<iterator>和<memory>组成。<utility>包括 STL 中几个常用模板的声明；<iterator>中提供了迭代器使用的许多方法；<memory>则比较复杂，它负责为容器中的元素分配存储空间，同时也为某些算法执行期间产生的临时对象提供机制。

在 STL 中，每种容器都有一个相应的迭代器，其名称为 iterator。其迭代器类型也是根据容器的特性而定的。例如，vector<T>的迭代器类型为 vector<T>::iterator，它是一种随机访问迭代器；list<T>的迭代器类型为 list<T>::iterator，它是一种双向迭代器。

【示例 14-3】利用迭代器操作向量。代码如下：

```cpp
#include <iostream>
#include <vector>
#include <iterator>
#include <ctime>
using namespace std;

int main()
{
    vector<int> arrNum;                              //声明一个 vector 实例,其存储的元素为 int 型
    srand((unsigned)time(NULL));                     //初始化随机数发生器种子

    for (int i = 0; i < 10; i++)
    {
        arrNum.push_back(rand());                    //将随机生成的数存入 arrNum 向量容器
    }

    vector<int>::iterator ite_vec = arrNum.begin();  //声明向量容器的迭代器并指向容器
                                                     //  的第一个元素
    while (ite_vec != arrNum.end())                  //利用迭代器来输出容器中的元素值
```

```
        {
            cout << *ite_vec << " ";
            ite_vec++;
        }
    }
```

程序运行结果（随机数视具体机器而定）如下：

```
32442 25468 20706 29345 22722 26804 17550 21980 7053 25881
```

分析：在使用迭代器时，可以将其理解为指针以加深理解。

图 14.2 所示的是迭代器之间的关系。图 14.2 中的箭头表示左边的迭代器一定满足右边迭代器需要的条件。例如，某个算法需要一个正向迭代器，可以把一个双向迭代器或任意存取迭代器作为参数。

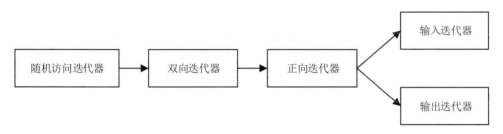

图 14.2 迭代器之间的关系

14.2.3 算法

STL 的精髓就在于，它提供一系列高效的通用算法。这些算法对数据类型的依赖性不强，能够操作绝大部分数据类型。STL 提供了 100 多个实现算法的模板函数。在熟练掌握 STL 之后，程序的代码可以被极大简化。有时只需要调用一两个 STL 中的算法模板，就可以完成所需要的功能并极大地提高效率。

算法部分主要由头文件<algorithm>、<numeric>和<functional>组成。<algorithm>是由大量的模板函数组成的，这些函数大部分都是独立的，其中常用到的功能涉及比较、交换、查找、遍历操作、复制、修改、移除、反转、排序、合并等。<numeric>包括几个在序列上面进行简单数学运算的模板函数，如加法和乘法在序列上的一些操作。<functional>中定义了一些模板类，用于声明函数对象。下面通过 STL 的算法来操作前面定义的 list 容器中的元素。

【示例 14-4】利用 STL 的 list 类对字符串进行操作。代码如下：

```
#include <iostream>
#include <string>
#include <list>
#include <algorithm>
using namespace std;
```

```
void PrintElement(string& str)                              //输出字符串
{
    cout << str << endl;
}

int main()
{
    list<string> myStrList;                                 //声明 list 容器 myStrList

    //使用 list 的成员函数 push_back 和 push_front 插入一个元素到 list 中
    myStrList.push_back("C");                               //在尾部插入
    myStrList.push_back("C++");
    myStrList.push_front("Basic");                          //在头部插入
    myStrList.push_front("Pascal");

    //使用 STL 的通用算法 for_each()来遍历一个 iterator 的范围，然后调用 PrintElement()来处理每
        个元素
    for_each(myStrList.begin(), myStrList.end(), PrintElement);
}
```

程序运行结果如下：

```
Pascal
Basic
C
C++
```

分析：示例 14-4 程序中使用 STL 的通用算法 for_each()来遍历一个 iterator 的范围，然后调用 PrintElement()来处理每个元素。

STL 将算法库分成 4 组：非修改式序列操作［如查找 find()、遍历 for_each()等功能］、修改式序列操作［如 transform()、random_shuffle()、copy 等函数］、排序和相关操作［如 sort()］、通用数字运算。下面是一些常用的算法。

- binary_search：在有序序列中查找 value。如果找到，就返回 true，否则返回 false。
- copy：复制序列。
- copy_backward：按照元素顺序进行反向复制。
- count：利用等于操作符，把标志范围类的元素与输入的值进行比较，并返回相等元素的个数。
- count_if：对于标志范围类的元素应用输入的操作符，返回结果为 true 的次数。
- equal：如果两个序列在范围内的元素都相等，则返回 true，否则返回 false。
- fill：赋予范围内的每个元素相同的输入值。
- fill_n：将输入的值赋予 begin 到 begin+n 范围内的元素。
- find：利用底层元素的等于操作符，将范围内的元素与输入的值进行比较。当匹配时，结束搜索，返回该元素的一个输入迭代器。

- for_each：依次对范围内的所有元素执行输入的函数。
- max：返回两个元素中较大的一个。
- max_element：返回一个 iterator，指出序列中的最大元素。
- min：两个元素中的较小者。
- min_element：返回一个 iterator，指出序列中的最小元素。
- merge：合并两个有序序列，并存放到另外一个序列中。
- remove：删除在范围内的所有指定的元素。
- remove_if：删除所有范围内输入操作结果为 true 的元素。
- replace：将范围内的所有等于 old_value 的元素都用 new_value 替代。
- replace_if：将范围内的所有操作结果为 true 的元素用新值替代。
- reverse：将范围内的元素重新按反序排列。
- search：给出两个范围，返回一个 iterator，指向在范围内第一次出现子序列的位置。
- search_n：在范围内查找 value 出现 n 次的子序列。
- sort：以升序重新排列范围内的元素。
- swap：交换存储在两个对象中的值。
- transform：将输入的操作作用在范围内的每个元素上，并产生一个新的序列。

14.3 本章实例

建立一个用户输入的单词库，统计单词出现的频度，能对这些单词进行快速查找。

操作步骤如下：

（1）建立工程。建立一个"Win32 Console Application"程序，工程名为"STL_TEST"。程序主文件为 STL_TEST.cpp，Util.h 为 Util 类定义头文件，Util.cpp 为 Util 类实现文件。

（2）在 Util.h 中增加以下代码：

```
#include <string>
#include <vector>
#include <set>
#include <map>
#include <iterator>
#include <algorithm>
#include <cctype>
using namespace std;
```

（3）建立 Uitl 类，并在对应的头文件中输入以下代码：

```
#pragma once
#include <iostream>
#include <string>
#include <algorithm>
```

```
using namespace std;

class Util
{
public:
     Util();
     virtual ~Util();

     //将字符串转换为小写字符
     static string& ToLower(string& s)
     {
          transform(s.begin(), s.end(), s.begin(), tolower);
          return s;
     }

     //显示字符串
     static void display(const string& s)
     {
          cout << s << " ";
     }

     //字符串首字符(大写)
     static char getInitial(const string& s)
     {
          return toupper(s[0]);
     }

     //判断字符串是否为空（包括空格、Tab 键、换行符等）
     static bool isNullString(const string& str)
     {
          string strCopy = str;
          strCopy.erase(remove_if(strCopy.begin(), strCopy.end(), isspace),
strCopy.end());
          return strCopy.empty();
     }
};
```

（4）输入主程序。在 STL_TEST.cpp 中输入以下程序：

```
#include "Util.h.h"
#include <vector>
#include <set>
#include <map>
#include <iterator>
#include <cctype>

int main()
{
```

```
vector <string> vecWords;                                    //声明单词库
cout << "输入单词（输入 q!退出）: " << endl;
string sWord;                                                //接收临时单词
while (cin >> sWord && sWord != "q!" && !Util::isNullString(sWord))   //读入单词
{
        vecWords.push_back(sWord);                           //将单词存到单词库中
}

if (vecWords.size() == 0)                                    //判断有没有输入单词
{
        cout << "未输入有效的单词" << endl;
        exit(1);
}


cout << "你输入了以下单词: \n";
for_each(vecWords.begin(), vecWords.end(), Util::display);   //输出单词库中的单词
cout << endl;

//将单词全部转换为小写后存入 set 容器中，以排除重复的单词并进行排序
set<string> setWords;
//下面的 insert_iterator< set<string> >写法要注意，两个>>符号之间最好加个空格
//否则编译器可能会将其误认为输出操作符号而报错
transform(vecWords.begin(), vecWords.end(),
        insert_iterator< set<string> >(setWords, setWords.begin()),
        Util::ToLower);
cout << "单词按照字母排序（除去重复单词）: " << endl;
for_each(setWords.begin(), setWords.end(), Util::display);
cout << endl;

//存入 map 集合，使值和出现次数关联起来
map<string, int> mapWords;
set<string>::iterator it;
//统计单词出现的频度
for (it = setWords.begin(); it != setWords.end(); it++)
{
        mapWords[*it] = count(vecWords.begin(), vecWords.end(), *it);
}
//输出 map 中的内容
cout << endl << "单词出现频度: " << endl;
for (it = setWords.begin(); it != setWords.end(); it++)
        cout << *it << ": " << mapWords[*it] << endl;

//存入 map 多重集合，让用户能快速查找出相应的单词
multimap <string, string> mulMapWords;
vector<string>::iterator vec_it = vecWords.begin();
while (vec_it != vecWords.end())
```

```
    {
        //用单词的首字母作为检索 key 值
        string strKey;
        strKey = Util::getInitial(*vec_it);
        mulMapWords.insert(make_pair(strKey, (string)*vec_it));
        vec_it++;
    }

    //对单词进行检索
    string strInitial;
    typedef multimap <string, string>::const_iterator MULMAP_CIT;
    pair<MULMAP_CIT, MULMAP_CIT> pairSearched;
    cout << "输入要检索单词的首字母（输入 q!退出）: " << endl;
    while (cin >> strInitial && strInitial != "q!" && !Util::isNullString(strInitial))
    {
        //将输入转换为大写
        transform(strInitial.begin(), strInitial.end(), strInitial.begin(), toupper);
        //返回对应的单词的个数
        int nWordBeSearched = mulMapWords.count(strInitial);
        if (nWordBeSearched == 0)
        {
            cout << "未找到相应的单词" << endl;
        }
        else {
            cout << "搜索到的单词有: " << endl;
            pairSearched = mulMapWords.equal_range(strInitial);
            for (MULMAP_CIT i = pairSearched.first; i != pairSearched.second; ++i)
                cout << i->second << endl;
        }
        cout << "输入要检索单词的首字母（输入 q!退出）: " << endl;
    }
}
```

程序运行结果如下：

```
输入单词库（输入 q!退出）：
Abort
A boy
Bee
C++
cab
cabby
caber
cabin
day
double
fine
five
```

```
fab
five
five
Hello
hi
habile
OK
OK
right
see you
q!
```

你输入了以下单词：

Abort A boy Bee C++ cab cabby caber cabin day double fine five fab five five Hello hi habile OK OK right see you

单词按照字母排序（除去重复单词）：

a abort bee boy c++ cab cabby caber cabin day double fab fine five habile hello hi ok right see you

单词出现频度：

```
a: 1
abort: 1
bee: 1
boy: 1
c++: 1
cab: 1
cabby: 1
caber: 1
cabin: 1
day: 1
double: 1
fab: 1
fine: 1
five: 3
habile: 1
hello: 1
hi: 1
ok: 2
right: 1
see: 1
you: 1
```

输入要检索单词的首字母（输入 q!退出）：

```
h
```

搜索到的单词有：

```
hello
hi
habile
```

输入要检索单词的首字母（输入 q!退出）：
x
未找到相应的单词
输入要检索单词的首字母（输入 q!退出）

分析：本例主要展示了如何使用 STL 的基本元素对数据进行操作。在程序中，由用户输入的单词首先被存储到向量（vector）中，这些数据是原始的数据。然后将数据存储到集合（set）中，因为在集合中元素不能重复，所以会将输入的重复单词去除，并进行自动排序。map 和 multimap 类型的区别在于，前者一个键只能对应一个值，而后者则允许一个键对应多个值。将数据存储到 map 中的目的是统计单词出现的频度，而存入 multimap 则是提供给用户查找单词的功能。multimap 提供了高效率的查找能力（注意查找部分的代码）。

14.4 小结

本章主要介绍了 STL 的内容及其主要组件的基本概念和使用方法。STL 是一个非常复杂的库，也是一个非常强大的库。它提供了众多实用的数据结构和算法。熟练地掌握 STL 的用法可以使程序开发极大简化，并可以使开发程序及程序本身的效率得到很大的提高。下一章将讲述 C++输入/输出的知识。

14.5 习题

一、填空题

1．三种 STL 容器适配器是_____、_____和_____。

2．适配器是_____，它依附于一个_____容器上，它没有自己的_____函数和_____函数，而借用其实现类的对应函数。

二、简答题

1．顺序容器包括哪三种？它们各以什么数据结构为基础？各有哪些特点？

2．简述 STL 中的迭代与 C++指针的关系和异同点。

三、程序设计题

有{10,15,2,8,22,11}、{1,5,10,22,4,8,33,6}两组数据，将这两组数据分别存储在 list 容器中，并将两个链表合并，合并之后删除重复元素，对链表中的值按从小到大的顺序排列。

第 3 篇
高级应用

第 *15* 章

C++输入/输出

C++为开发者提供了一套完整的输入/输出（I/O）操作体系，这些 I/O 操作可以操作 C++的内置类型的数据，也可以操作用户自定义类型数据，且这些操作都是类型安全（typesafe）的。本章的内容包括：

- C++流类库。
- 输入流/输出流。
- 流运算符的重载。
- 文件操作和文件流。

通过对本章的学习，读者可以了解 C++类库中的常用流类、理解输入/输出的含义，以及掌握输入/输出的格式控制、流运算符的重载、文件操作和输入/输出在 C++程序中的应用方法。

15.1　C++流类

　　C++继承了 C 语言的 I/O，但 C 语言风格的 I/O 存在一些弊端。C++给出了全新的解决方案，C++的 I/O 操作是以字节流的形式实现的。在 C++中存在众多的流操作类，这些类形成了一个完善的 I/O 操作体系。

15.1.1　C 语言中 I/O 的弊端

　　C++为了兼容 C 语言，保留了很多 C 语言的方法，使之前用 C 语言编写的程序依然能在 C++环境下运行。在输入/输出方面，C++保留了 C 语言的 scanf()和 printf()等函数进行数据的输入和输出。在 C 语言中，用 scanf()和 printf()等函数进行输入/输出时，很难保证输入/输出的数据是可靠的、安全的。因为它不会对数据类型进行严格的检查，从而可能导致一些错误的输入/输出。

　　【示例 15-1】用 printf()函数进行输出，用格式符%d 输出/输出双精度变量和字符串（假定所用的系统 int 型占 4 字节）。代码如下：

```
int i=100;
double d=10.0;
printf("%d\n",i);                    //正确，输出 i 的值
printf("%d\n",d);                    //输出变量中前四个字节的内容
printf("%d\n","C++");                //输出字符串"C++"的起始地址
```

程序运行结果如下：

```
100
0
4716140
```

　　分析：在示例 15-1 中，在输出变量 d 和字符串时发生了与预期结果不一致的现象。因为编译系统认为以上语句都是合法的，从而不对数据类型的合法性进行检查，显然不能得到正确的结果。因此在使用 C 语言 I/O 时，类型检查只能通过开发者自我进行。printf()函数对数据类型不敏感，它的操作属于对类型不安全的。

　　同样地，对于 scanf()函数的使用，则可能会产生更具隐藏性的错误。

　　【示例 15-2】利用 scanf()函数从键盘接收用户输入的数值。代码如下：

```
int i = 1;
scanf("%d",&i);                      //正确
scanf("%d",i);                       //错误，漏写了&
```

程序运行结果如下：

```
2
2（发生错误）
```

分析：在示例 15-2 中，语句 scanf("%d",i)会导致错误。但是编译系统不认为这样的 scanf 语句是错误的，并认为是将输入的值存放到地址为 00000001 的内存单元中，而此内存区域可能是无法写入值的，即使能写入也可能产生严重的后果（破坏操作系统或其他程序数据）。

用 scanf 和 printf 函数可以输入和输出标准内置类型（如 int、float、double、char 等）的数据，但无法直接输出用户自定义类型（如数组、结构体、联合体等）的数据。这是 C 语言 I/O 的严重不足。

而在 C++中则可以很好地避免上面的错误和不足。在 C++的输入/输出中，编译系统会对所操作数据的类型进行严格检查，凡是含有类型匹配数据的程序都是不可能通过编译的。因此，C++的 I/O 操作是类型安全的，且 C++的 I/O 操作是可扩展的，不仅可以用来输入/输出标准类型的数据，还可以用于用户自定义类型的数据。

扫一扫，看视频

15.1.2　C++流的概念和层次

计算机的输入和输出是数据传送的过程，该过程中可以将数据形象地比喻为流水，从某处流向另一处。因此，C++将数据的传送过程称为流（stream）。

C++的 I/O 流是由若干字节组成的字节序列，称为字节流。字节流中的数据可以是多种形式的，其包括二进制数据、ASCII 字符、数字化视频和音频、数字图像信息等。在进行数据传输时，数据会被从一个对象传送到另一个对象中，这些对象包括内存、输出设备（如屏幕、打印机、磁盘文件等）和输入设备（如键盘、扫描仪等）。当进行输入操作时，字节流是从输入设备流向内存的，在进行输出操作时，字节流是从内存输出到输出设备的。

在进行输入/输出时，还涉及一个概念：内存缓冲区。内存缓冲区是系统为数据流开辟的一个内存空间，它用于存放流中的数据。如果利用输入/输出操作对流进行传送，系统会先将数据存入缓冲区中，当缓冲区满或者遇到特定的输出命令时，才将这些数据进行传送。用 cout 向屏幕输出时，系统将输出的内容首先保存在为其开辟的缓冲区内，当此缓冲区满或者遇到 endl 时，才将数据传送到屏幕上显示。同理，利用 cin 进行输入操作时的过程与此类似（数据先保存在键盘输入缓冲区，遇到回车时将数据传送到程序输入缓冲区，当程序遇到<<操作符时，输入缓冲区的数据会被赋予相关的变量）。系统提供缓冲区机制是为了减少数据传送频度，以提高 I/O 效率。也有一些流并没有缓冲区，如 cerr 操作就没有缓冲区（cerr 的作用是输出程序错误，错误信息必须被及时地反馈）。

在 C++中，输入/输出流被定义为一系列的类，这些类被称为流类（stream class）。这些类全部被包含在 I/O 类库中。C++的输入与输出包括以下 3 个方面的内容。

（1）标准 I/O：对系统指定的标准设备（如显示器、打印机等）的输入和输出。

（2）文件 I/O：对外存磁盘（或外存储设备）文件进行输入和输出。

（3）内存 I/O（串 I/O）：对内存中的空间进行输入和输出。

C++编译系统提供的用于输入/输出的类库是 iostream（input-output stream）。iostream 类库中包含了许多用于处理 I/O 操作的类，常用的 I/O 操作流类见表 15.1。

表 15.1　C++常用的 I/O 操作流类

类　　名	作　　用	头　文　件
ios	输入/输出抽象基类	iostream
istream	通用输入流和其他输入流基类	iostream
ostream	通用输出流和其他输出流基类	iostream
iostream	通用输入/输出流和其他输入/输出流基类	iostream
ifstream	输入文件流类	fstream
ofstream	输出文件流类	fstream
fstream	输入/输出文件流类	fstream
istrstream	输入字符串流	strstream
ostrstream	输出字符串流	strstream
strstream	输入/输出字符串流	strstream

这些类的继承与派生关系如图 15.1 所示。

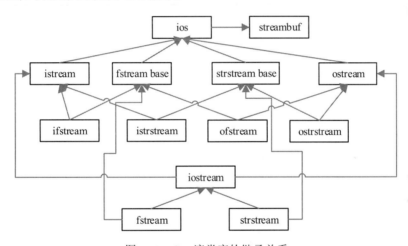

图 15.1　C++流类库的继承关系

从图 15.1 中可以看出，ios 是所有类的基类，其还继承了 streambuf 类以对流进行缓冲操作。类库中类的声明被放在不同的头文件中。

📚 技巧：

C++中常用的流类有以下几个。

（1）iostream：基本输入/输出流操作。

（2）stream：用于文件的 I/O 操作。

（3）strstream：用于字符串流输入/输出。

（4）iomanip：用于对流中的数据进行格式化输入/输出。

15.2 流对象和格式化输出

C++在头文件 iostream 中预定义了流对象，方便开发者使用。在对数据进行输出时，有时需要对输出格式进行控制。C++提供了丰富的控制符和函数对格式进行控制。

15.2.1 预定义的流对象

扫一扫，看视频

在一般的 C++程序中都会包含 iostream 头文件，因为它包含了输入/输出操作所需要的基本信息。在 iostream 头文件中，不仅定义了许多相关的类（如 ios、istream、ostream、iostream、istream_withassign、stream_withassign、iostream_withassign 等），还定义了 4 种常用的流对象，见表 15.2。

表 15.2 常用的流对象信息

对 象	含 义	对 应 设 备	对 应 的 类
cin	标准输入流	键盘	istream_withassign
cout	标准输出流	显示器	ostream_withassign
cerr	标准错误流	显示器	ostream_withassign
clog	标准输出流	显示器	ostream_withassign

- cin 为标准输入流。它是类 istream_withassign 的对象，其作用为从系统指定的标准输入设备（一般为键盘）输入数据到程序变量中。
- cout 为标准输出流。它是类 ostream_withassign 的对象，其作用是将内存数据输出到系统指定的输出设备（一般为显示器或者打印机）上。
- cerr 为标准错误流。它是类 ostream 的对象，其作用为向系统指定的标准输出设备输出错误信息。
- clog 也为标准输出流。它是类 ostream 的对象，其作用为向系统指定的标准输出设备输出日志信息。它与 cerr 类似，不同之处在于 cerr 没有缓冲区，而 clog 具有缓冲区。也就是说，用 cerr 用于输出，结果会立即被显示到输出设备上；而 clog 则在缓冲区满或遇到 endl 时才进行显示。

📢 注意：

在 C++标准中，规定 clog 是有缓冲区的，cerr 则是无缓冲区的，且都不能被重定向。但是不同编译器在实现时可能与标准不同。例如，在 Visual Studio 2022 中，并没有将 clog 实现为可缓冲的对象，而是与 cerr 一样为无缓冲对象。

读者可以在头文件 iostream 中发现以下声明：

extern _CRTIMP istream cin.

extern _CRTIMP ostream cout。

extern _CRTIMP ostream cerr, clog。

从声明中可以看出 cout、cerr、clog 这三个对象是同一类的对象，所以它们的属性都相同，都属于无缓冲的流对象。

这里提醒读者，不仅要注重理论知识的学习，更重要的是掌握实际开发环境的特点。

15.2.2 流格式化输出

扫一扫，看视频

在输出数据时，往往需要将数据按照一定的格式进行输出，以使阅读者更容易理解。例如，对内存地址的输出一般采用十六进制显示，对小数的输出通常需要保留一定的小数位等。

对输出数据进行格式化称为流格式化输出。在前面的学习中，输出数据时并没有设定数据格式，这时系统会根据输出数据的类型而输出对应的默认格式。如果需要控制流输出的格式，那么有两种方法：一种是使用流格式控制符，另一种是利用流类的相关成员函数进行控制。

1．流控制符

流控制符是在头文件 iomanip 中定义的，所以使用控制符时应当包含头文件 iomanip。表 15.3 所列是常用的输入/输出流控制符。

表 15.3 常用的输入/输出流控制符

控 制 符	作 用
dec	置基数为 10，相当于"%d"
hex	置基数为 16，相当于"%X"
oct	置基数为 8，相当于"%o"
setbase(n)	置基数为 n
setfill(c)	设置填充字符为 c
setprecision(n)	设置显示小数精度为 n 位
setw(n)	设置域宽为 n 个字符
setiosflags(ios::fixed)	固定的浮点显示
setiosflags(ios::scientific)	指数表示
setiosflags(ios::left)	左对齐
setiosflags(ios::right)	右对齐
setiosflags(ios::skipws)	忽略前导空白
setiosflags(ios:: uppercase)	十六进制大写输出
setiosflags(ios:: lowercase)	十六进制小写输出
setiosflags(ios:: showpoint)	强制显示小数点
setiosflags(ios:: showpos)	强制显示符号

【示例 15-3】用控制符控制数据输出格式举例。代码如下：

```
#include <iostream>
```

```
#include <iomanip>
using namespace std;

int main()
{
    int a;
    cout<<"输入一个数字: ";
    cin>>a;

    cout<<"十进制: "<<dec<<a<<endl;              //以十进制形式输出整数 a
    cout<<"十六进制: "<<hex<<a<<endl;            //以十六进制形式输出整数 a
    cout<<"八进制: "<<setbase(8)<<a<<endl;       //以八进制形式输出整数 a

    char *pStr=(char*)"C++ Program";             //pStr 指向字符串"C++ Program"
    cout<<setw(20)<<pStr<<endl;                   //指定域宽为 20，输出字符串
    cout<<setfill('*')<<setw(20)<<pStr<<endl;//指定域宽为 20，输出字符串，空白处以"*"填充

    double pi=3.1415926;                          //pi 值
    cout<<setiosflags(ios::scientific)<<setprecision(8);  //按指数形式输出，8 位小数
    cout<<"pi="<<pi<<endl;                        //输出 pi 值
    cout<<"pi="<<setprecision(4)<<pi<<endl;       //改为 4 位小数
    cout<<"pi="<<setiosflags(ios::fixed)<<pi<<endl;       //改为小数形式输出
}
```

程序运行结果如下：

```
输入一个数字: 89
十进制: 89
十六进制: 59
八进制: 131
         C++ Program
*********C++ Program
pi=3.14159260e+00
pi=3.1416e+00
pi=0x1.9220p+1
```

2. 流类的格式控制成员函数

通过流对象的一些成员函数也可以控制输出格式，表 15.4 所列是流对象 cout 常用的控制输出格式的成员函数。

表 15.4 流对象 cout 常用的输出格式控制的成员函数

成 员 函 数	与其对应控制符	作　　用
precision(n)	set precision(n)	设置显示小数精度为 n 位
width(n)	setw(n)	设置输出宽度为 n 位
fill(c)	setfill(c)	当数据长度不足输出长度时，设置填充字符 c
setf(flag)	setiosflags(flag)	设置输出格式状况（flag 参数见表 15.5）
unsetf()	resetiosflags()	终止已设置的输出格式状态

设置格式状态的格式标志见表 15.5。

表 15.5 设置格式状态的格式标志

分 类	格 式 标 志	作 用
对齐方式	ios::left	输出数据左对齐
	ios::right	输出数据右对齐

	ios::internal	数值的符号位左对齐，数值右对齐，中间由填充字符填充，如输出的数值为-10，输出长度为5，填充字符位*，则输出样式为：
		-**10
		验证代码如下：
		cout.fill('*');
		cout.width(5);
		cout.setf(ios::internal);
		cout<<-10<<endl;

数值基数设定	ios::dec	设置整数的基数为 10
	ios::oct	设置整数的基数为 8
	ios::hex	设置整数的基数为 16
整数格式控制	ios::showbase	强制输出整数的基数（八进制 0 打头，十六进制 0x 打头）
	ios::showpoint	强制输出浮点数的小数点和尾数 0
	ios::uppercase	在以科学记数法格式 E 和以十六进制输出字母时以大写表示
	ios::showpos	对整数显示+号
浮点数格式控制	ios::scientific	浮点数以科学记数法格式输出
	ios::fixed	浮点数以定点格式（小数形式）输出
流控制	ios::unitbuf	每次输出之后刷新所有的流
	ios::stdio	每次输出之后清除 stdout、stderr

☞提示：

关于更多的格式控制符号，读者可以参考 xiosbase 头文件中的类 ios_base 的声明。

【示例 15-4】用流控制成员函数控制数据输出格式举例。代码如下：

```cpp
#include <iostream>
using namespace std;

int main()
{
    int a=59;

    cout.setf(ios::showbase);              //设置输出时的基数符号
    cout<<"十进制: "<<a<<endl;             //默认以十进制形式输出 a
    cout.unsetf(ios::dec);                 //终止十进制的格式设置
    cout.setf(ios::hex);                   //设置以十六进制输出的状态
```

```
        cout<<"十六进制: "<<a<<endl;                  //以十六进制形式输出 a
        cout.unsetf(ios::hex);                       //终止十六进制的格式设置
        cout.setf(ios::oct);                         //设置以八进制输出的状态
        cout<<"八进制: "<<a<<endl;                   //以八进制形式输出 a
        cout.unsetf(ios::oct);                       //终止以八进制的输出格式设置

        char *pStr=(char*)"C++ Program";             //pStr 指向字符串"C++ Program"
        cout.width(20);                              //指定域宽为 20
        cout<<pStr<<endl;                            //输出字符串
        cout.width(20);                              //指定域宽为 20
        cout.fill('*');                              //指定空白处以"*"填充
        cout<<pStr<<endl;                            //输出字符串

        double pi=3.1415926;                         //pi 值
        cout.setf(ios::scientific);                  //指定用科学记数法输出
        cout<<"pi=";                                 //输出 pi=
        cout.width(15);                              //指定域宽为 15
        cout<<pi<<endl;                              //输出 pi 值
        cout.unsetf(ios::scientific);                //终止科学记数法状态
        cout.setf(ios::fixed);                       //指定用定点形式输出
        cout.width(14);                              //指定域宽为 14
        cout.setf(ios::showpos);                     //在输出正数时显示+号
        cout.setf(ios::internal);                    //字符出现在左侧
        cout.precision(5);                           //保留 5 位小数
        cout<<pi<<endl;                              //输出 pi 值, 注意数符+的位置
    }
```

程序运行结果如下:

```
十进制: 59
十六进制: 0x3b
八进制: 073
        C++ Program
*********C++ Program
pi=***3.141593e+00
+******3.14159
```

在使用格式控制符号时需要注意一些细节问题，如成员函数 width(n)和控制符 setw(n)等，需要读者在开发时查阅相关文档。

15.3　重载流运算符

C++的输入/输出流运算符默认只能处理标准的内置对象。如果需要其支持复合数据类型或者自定义类型，那么必须重载流运算符。

15.3.1 流运算符重载概述

运算符重载有两种形式：重载为成员函数或者是重载为友元函数。但重载插入运算符和提取运算符时，其左边的参数是流，而右边的参数是类的对象。因此，根据前面学习的运算符重载的知识，只能用友元函数的方式去重载插入运算符和提取运算符。

在 C++内部也是通过重载"<<"和">>"来实现对标准数据类型输入/输出的（"<<"和">>"两个运算符在 C++中本来的含义是左位移运算符和右位移运算符）。在 istream 和 ostream 类中分别有一组成员函数对位移运算符"<<"和">>"进行重载，以便能用它输入或输出各种标准数据类型的数据。对于不同的标准数据类型要分别进行重载。例如：

```
istream& operator>>(char &);            //向输入流插入一个 char 型数据
ostream& operator<<(char);              //向输出流插入一个 char 型数据
istream& operator>>(short &);           //向输入流插入一个 short 型数据
ostream& operator<<(short);             //向输出流插入一个 short 型数据
istream& operator>>(long &);            //向输入流插入一个 long 型数据
ostream& operator<<(long);              //向输出流插入一个 long 型数据
ostream& operator<<(const void *);      //向输出流插入一个任意类型数据
```

☞提示：

读者可以在 Visual Studio 2022 中的 istream.h 和 ostream.h 头文件中查看这些成员函数。

15.3.2 插入运算符重载

插入运算符重载的一般格式如下：

```
ostream& operator<<(ostream& os,const T& t)
{
    …//函数体
    return os;
}
```

参数说明：

● 函数中第一个参数是对 ostream 对象的引用，函数返回值必须是这个引用对象。

● 函数中第二个参数为输出的对象，T 是用户自定义的类，t 为该类的对象名。

对重载的插入运算符的调用形式如下：

```
obj_ostream<<obj;              //等价于 operator<<(obj_ostream,obj)
obj_ostream<<obj1<< obj2;      //等价于 operator <<(operator<<(obj_ostream,obj1),obj2)
```

【示例 15-5】插入运算符重载举例：复数类的输出。程序主文件为 Test.cpp，Complex.h 为 CComplex 类定义头文件，Complex.cpp 为 CComplex 类实现文件。代码如下：

```
//Complex.h
```

```cpp
#include <iostream>
using namespace std;

class CComplex                                              //复数类
{
public:
    CComplex(double pr = 0.0,double pi= 0.0)
    {
      real = pr;imag = pi;
    }
    virtual ~CComplex();

    friend ostream& operator<<(ostream&,const CComplex&);   //重载插入运算符
protected:
    double real;
    double imag;
};

//Complex.cpp
#include "Complex.h"

CComplex::~CComplex()
{
}
ostream& operator<<(ostream& os,const CComplex& c)          //重载插入运算符实现
{
    os<<"("<<c.real<<","<<c.imag<<"i"<<")"<<endl;
    return os;
}

//test.cpp
#include "Complex.h"

int main()
{
    CComplex a(1,2);

    cout<<a;                                    //效果与调用 operator<<(cout,a)相同
}
```

程序运行结果如下：

```
(1,2i)
```

扫一扫，看视频

15.3.3 提取运算符重载

提取运算符重载的一般格式如下：

```
istream& operator>>(istream& is,const T& t)
{
    …//函数体
    return is;
}
```

参数说明：
● 函数中第一个参数为输入流 istream 对象的引用，函数返回值必须是这个引用对象。
● 函数中第二个参数为提取的对象，T 是用户自定义的类，t 为该类的对象名。

对重载的提取运算符的调用形式如下：

```
obj_istream>>obj;             //等价于 operator>>(obj_istream,obj)
obj_istream>>obj1>>obj2;      //等价于 operator>>(operator>>(obj_istream,obj1),obj2)
```

【示例 15-6】提取运算符重载举例：复数类的输入。程序主文件为 Test.cpp，Complex.h 为 CComplex 类定义头文件，Complex.cpp 为 CComplex 类实现文件。代码如下：

```cpp
//Complex.h
#include <iostream>
using namespace std;

class CComplex                                              //复数类
{
public:
    CComplex(double pr = 0.0,double pi= 0.0):real{pr},imag{pi}
    {
    }
    virtual ~CComplex();

    friend ostream& operator<<(ostream&,const CComplex&);    //重载插入运算符
    friend istream& operator>>(istream&, CComplex&);         //重载提取运算符
protected:
    double real;
    double imag;
};


//Complex.cpp
#include "Complex.h"
CComplex::~CComplex()
{
}
ostream& operator<<(ostream& os,const CComplex& c)          //重载插入运算符实现
{
    os<<"("<<c.real<<","<<c.imag<<"i"<<")"<<endl;
```

```
        return os;
    }
    istream& operator>>(istream& is,const CComplex& c)                //重载提取运算符实现
    {
        cout<<"输入一个复数:";
        is>>c.real>>c.imag;

        return is;
    }


    //Test.cpp
    #include "Complex.h"

    int main()
    {
        CComplex a;
        cin>>a;
        cout<<a;
    }
```

程序运行结果如下：

```
1
2
(1,2i)
```

15.4　文件操作

为了能长期保存数据，一般将数据存储在文件中。C++中对文件的读/写也是通过流来操作的，操作文件的流称为文件流。同时，C++也支持 C 方式的文件操作。

扫一扫，看视频

15.4.1　文件概述

文件是一组由有限且相关的数据组成的有序集合。"有限"是指文件中的数据是有最大限度的，"相关"是指这些数据是有关联性的，如果独立起来，这些数据就没有实际意义，而组合起来则能表现一定的含义。

每一个文件一般都有一个名称，称为文件名，如前面提到的"源代码文件""目标文件""库文件"等。

文件通常存储在外部存储设备（如磁盘）上。当程序需要使用文件时，才将其中的数据读入内存。

☞提示：

从广义上来说，文件可以分为普通文件和设备文件。普通文件是指上面介绍的存储在外部设备上的文件；而设备文件是指与计算机主机相关联的各种外部设备，如显示器、打印机、鼠标、键盘等。在操作系统级别上，这些外部设备是被作为文件来管理的。在一些介绍 UNIX 等的书籍中，经常会涉及设备文件这个概念。

C++按照文件存储时的编码方式将文件分为以下两类。

1. 文本文件（ASCII 码文件）

这类文件在存储时，以 ASCII 码作为内容来存储。每一个字符对应文件中的一个字节，这些字节按照顺序被存储在磁盘上。例如，将字符串"Hello"存储在文本文件中，其存储形式如图 15.2 所示。

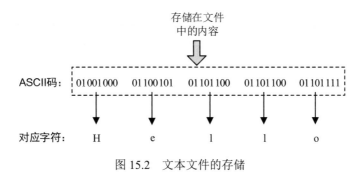

图 15.2　文本文件的存储

字符串"Hello"由 5 个字符组成，占用 5 字节，所以在存储时占用了 5 字节的空间。

2. 二进制文件

二进制文件是将其内容按二进制编码的方式来存放的文件。例如，将整数 1234 存储到二进制文件中，其存储形式（以补码形式存储）如图 15.3 所示。

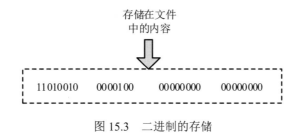

图 15.3　二进制的存储

存储整数 1234 占用了 4 字节。

在对字符的 I/O 操作中，文本文件与二进制文件的操作方式没有区别。但在对数值类型的数据进行操作时，则有细微区别。在对文本文件进行 I/O 操作时，要进行格式转换，而二进制文件不需要转换。例如，向文本文件输出 1234 时，由于 1234 是一个整数，在内存中以 4 字节的二进制补码格式存放，输出到文本文件时要将每一位数字转换成 ASCII 码，即 31、32、33 和 34。

扫一扫，看视频

15.4.2　文件操作基础

　　在对文件进行 I/O 操作时，主要有三个步骤，如图 15.4 所示。

　　其中，打开文件和关闭文件这两个步骤在这个过程中是必需的。在读写文件之前，需要先定义一个文件流类的对象，并用该对象打开文件，从而得到文件的一个句柄。打开文件后，文件对象中会有一个指向文件中当前位置的指针（见图 15.5）。该指针的初始位置取决于打开文件时开发者设置的参数，默认情况下为 0。

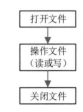

图 15.4　文件操作基本步骤

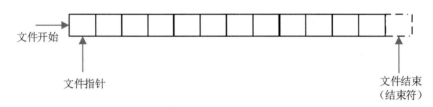

图 15.5　文件操作指针

　　在每一次从文件读出数据或向文件写入信息后，文件指针都会自动向后移动相应的字节。对于文本文件，文件指针移动一个字节，对于二进制文件，则由数据类型决定。在读文件时，如果文件指针移到文件的末尾，那么读出的内容是文件结束符。

　　文件操作主要包括文件打开、读写、关闭等。

扫一扫，看视频

15.4.3　打开和关闭文件

　　常用的文件流对象有 ifstream、ofstream 和 fstream。ifstream 为输入文件流对象，ofstream 为输出文件流对象，fstream 为输入/输出文件流对象。使用这些对象时，需要包含头文件 fstream。在打开文件前先根据所要进行的操作声明流对象。

【示例 15-7】声明流对象。代码如下：

```
ifstream file_in;                              //建立输入文件流对象
ofstream file_out;                             //建立输出文件流对象
fstream file_inout;                            //建立输入/输出文件流对象
```

　　在建立了流对象之后，需要打开文件才能对文件进行操作。打开文件可以有两种方式：一种是通过文件流的构造函数；另一种是利用成员函数 open()。

【示例15-8】利用文件流对象构造函数打开文件。代码如下：

```
ofstream file_out("C:\\a_out.dat",ios::out|ios::binary);      //以二进制方式打开输出文件
ifstream file_in("C:\\a_in.dat",ios::in|ios::binary);         //以二进制方式打开输入文件
```

常用文件流对象构造函数如下：

```
ifstream::ifstream(const char*,int=ios::in,int=filebuf::openprot);
ofstream::ofstream(const char*,int=ios::out,int=filebuf::openprot);
fstream::fstream(const char*,int,int=filebuf::operprot);
```

文件流类的成员函数 open()的原型如下：

```
void open(const char *,int);
```

参数说明：

● 每一个文件流类都有一个 open()成员函数。

以下为常用的三个文件流的默认成员函数原型：

```
void ifstream::open(const char*,int=ios::in);
void ofstream::open(const char*,int=ios::out);
void fstream::open(const char*,int);
```

● 第一个参数是代表文件名的字符串，一般需要完整的路径名。如果文件在与 exe 相同的目录中，则可以使用相对路径。

● 第二个参数是文件的打开方式，这些方式通过预定义的枚举常量组合来决定，这些常量见表 15.6。

表 15.6 文件的打开方式

常　　量	作　　用
ios::in	打开文件用于数据输入，即从文件中读数据
ios::out	打开文件用于数据输出，即向文件中写数据
ios::ate	打开文件后将文件指针置在文件尾部
ios::app	打开文件用于追加数据，文件指针始终指向文件尾部
ios::trunc	当打开文件已存在时，则清除其内容，即擦除以前所有数据，使之成为空文件
ios::nocreate	如果打开文件不存在，则不建立任何文件，返回打开失败信息
ios::noreplace	如果打开文件已存在，不进行覆盖。当文件存在时，返回错误信息
ios::binary	以二进制方式打开文件，在不指定的情况下默认以文本文件方式打开文件

可以用与符号"|"将这些常量组合起来，从而控制打开文件的多种属性。

【示例15-9】通过文件的打开方式属性组合来控制文件读/写属性。代码如下：

```
ios::in|ios::nocreate          //文件打开用于数据输入，若打开文件不存在，则返回打开失败信息
ios::out|ios::noreplace        //文件打开用于数据输出，若文件存在，则返回打开失败信息
ios::in|ios::out               //文件打开既用于数据输入，又用于数据输出
ios::app|ios::nocreate //文件打开后指针在文件尾，用于追加数据。若打开文件不存在，则返回打开失败信息
ios::in|ios::out|ios::binary   //文件以二进制方式打开，既用于数据输入，又用于输出
```

在打开文件时，可能会遇到打开失败的情况，如果这时对文件进行读/写操作，显然会出现错误。因此，在打开文件时，应该判断文件打开是否成功。检查文件是否打开成功是通过 fail()成员函数来判定的。其原型如下：

```
bool fail();
```

参数说明：

● 当文件打开失败时，函数返回 true；当文件打开成功时，函数返回 false。

【示例 15-10】打开一个文件并向其中写入文本数据。如果文件不存在，则新建一个文件；如果文件存在，则以追加方式写入数据。代码如下：

```
#include <iostream>
#include <fstream>
using namespace std;

int main()
{
    ofstream file_out;
    file_out.open("C:\\a_out.txt",ios::out|ios::app);    //打开文件，以数据追加方式打开

    if (file_out.fail())                                 //如果文件打开失败，则显示出错信息
    {
        cerr<<"文件 a_out.txt 打开失败!"<<endl;
        return 1;
    }

    file_out.close();                                    //关闭文件

}
```

打开文件并对文件进行一系列操作后，还需要关闭文件，否则之前写入的数据可能无法写入并造成文件的破坏。

关闭文件是通过流类 fstream 的成员函数 close()来完成的，其原型如下：

```
void close()
```

将文件关闭后，就无法再访问它了。如果需要再次访问文件，则需要重新打开文件。

扫一扫，看视频

15.4.4　文本文件的输入/输出

向文本文件输出数据有以下两种方法。

（1）使用插入操作符 "<<"（只针对 C++标准类型）。这里的插入操作是通过重载 ostream 流类的插入操作符实现的，其原型如下：

```
ostream& operator<<(C++标准类型 &);
```

（2）调用成员函数 put()。成员函数 put()是从 ostream 流类中重载而来的，其原型如下：

```
ostream& put(char);
```

【示例 15-11】建立文件 a.txt，向文件中输入下面的数据并输出。

```
A B C D E F G
H I J K L M N
O P Q  R S T
U V W X Y Z
```

代码如下：

```cpp
//file.cpp: 程序主文件
#include <iostream>
#include <fstream>
using namespace std;

int main()
{
    ofstream file_out("c:\\a.txt");
    //利用插入操作符进行数据输出
    file_out<<"A B C D E F G"<<endl;                    //输出并换行
    file_out<<"H I J K L M N"<<endl;
    file_out<<"O P Q  R S T"<<endl;
    file_out<<"U V W X Y Z"<<endl;

    //利用put()成员函数进行数据输出
    for(int i=65;i<=90;i++)
    {
        file_out.put(i);                                //输出单个字母
        file_out.put(32);                               //输出一个空格
        switch(i)
        {                                               //根据字符来换行
            case 71:{file_out.put(10);break;};          //输出换行
            case 78:{file_out.put(10);break;};          //输出换行
            case 84:{file_out.put(10);break;};          //输出换行
            case 90:{file_out.put(10);break;};          //输出换行
            default:break;
        }
    }

    file_out.close();
}
```

程序运行结果（文件内容）如下：

```
A B C D E F G
H I J K L M N
O P Q R S T
```

```
U V W X Y Z
A B C D E F G
H I J K L M N
O P Q R S T
U V W X Y Z
```

分析：从结果中可以看出，利用两种输出方式输出的结果是相同的。当输出固定的信息时，利用插入操作符较为方便，当输出字符变量时，使用 put()成员函数较为方便。

将文本文件中的数据读入内存有以下三种方法。

（1）利用提取操作符 ">>"，只针对 C++标准类型。这里的提取操作符是从流类 istream 继承而来的，其原型如下：

```
istream& operator >>(C++标准类型 &);
```

（2）调用成员函数 get()。成员函数 get()是从 istream 类重载而来的，其有两个重载版本，原型分别如下：

```
int get();                                          //读取字符
istream& get(char& c);                              //读取一个字符并存储到 c 中
```

（3）调用成员函数 getline()。成员函数 getline()是从 istream 类重载而来的，原型如下：

```
istream& getline(char * buffer,int len,char="\n");
```

参数说明：
● getline()用于读入文本文件中的一块文本。
● 第一个参数为读入数据转存到的字符串，即将读入的字符存储到 buffer 中。
● 第二个参数为读入字符块的长度。
● 第三个参数默认为换行，即当遇到换行时，则停止本次读取。

【示例 15-12】利用提取操作符读取文本数据：文件中存储了以下内容，将其读取出来并显示在屏幕上。

```
1 2 3 4 5 6 7 8 9
A B C D E F G
```

代码如下：

```cpp
//file.cpp: 程序主文件
#include <iostream>
#include <fstream>
using namespace std;

int main()
{
    ifstream file_in("C:\\a.txt", ios::in);          //打开文件
    if (file_in.fail())                              //判断文件打开是否成功
    {
```

```
            cerr << "文件a.txt 打开失败!" << endl;
    }

    char nRead;
    while (file_in >> nRead)                            //读取单个字符
    {
            cout << nRead << " ";                       //输出单个字符
    }

    file_in.close();                                    //关闭文件
}
```

程序运行结果（文件内容）如下：

```
1 2 3 4 5 6 7 8 9 A B C D E F G
```

分析：在利用提取操作符取数据时，是忽略空格、换行符的，所以输出数据是不包括这些符号的。

【示例15-13】利用 get()成员函数读取文本数据：文件中存储了以下内容，将其读取出来并显示在屏幕上。

```
1 2 3 4 5 6 7 8 9
A B C D E F G
```

代码如下：

```
//file.cpp: 程序主文件
#include <iostream>
#include <fstream>
using namespace std;

int main()
{
    ifstream file_in("C:\\a.txt", ios::in);            //打开文件
    if (file_in.fail())
    {
            cerr << "文件a.txt 打开失败!" << endl;       //判断文件打开是否成功
    }

    char nRead;
    while (!file_in.eof())                  //判断文件内容是否结束，读取单个字符并输出到屏幕上
    {
            nRead = file_in.get();
            cout << nRead;
    }

    file_in.close();                                    //关闭文件
}
```

程序运行结果（文件内容）如下：

```
1 2 3 4 5 6 7 8 9
A B C D E F G
```

分析：利用 get()成员函数进行数据读取时，会将空格、换行符等全部读出。这里用到了文件流类的 eof()成员函数，它用于判断文件指针是否到达了文件末尾。当其返回 true 时，表示已经到达文件尾部，此时就停止读取数据。eof()的原型如下：

```
bool eof();
```

【示例 15-14】利用 get(char& c)成员函数读取文本数据：文件中存储了以下内容，将其读取出来并显示在屏幕上。

```
1 2 3 4 5 6 7 8 9
A B C D E F G
```

代码如下：

```cpp
//file.cpp: 程序主文件
#include <iostream>
#include <fstream>
using namespace std;

int main()
{
    ifstream file_in("C:\\a.txt", ios::in);            //打开文件
    if (file_in.fail())                                //判断文件打开是否成功
    {
        cerr << "文件 a.txt 打开失败!" << endl;
    }

    char c;
    while (!file_in.eof())            //当没有读到文件尾部时，读取单个字符并输出到屏幕上
    {
        file_in.get(c);
        cout << c;
    }

    file_in.close();                                   //关闭文件

}
```

程序运行结果（文件内容）如下：

```
1 2 3 4 5 6 7 8 9
A B C D E F G
```

【示例 15-15】利用 getline()成员函数读取文本数据：文件中存储了以下内容，将其读取出来并

显示在屏幕上。

```
1 2 3 4 5 6 7 8 9
A B C D E F G
```

代码如下:

```cpp
//file.cpp: 程序主文件
#include <iostream>
#include <fstream>
using namespace std;

int main()
{
    ifstream file_in("C:\a.txt", ios::in);                  //打开 buf 内容
    if (file_in.fail())                                     //判断文件打开是否成功
    {
        cerr << "文件 a.txt 打开失败!" << endl;
    }

    char* buf = new char[128];
    memset(buf, 0, 128);                                    //清空 buf 内容

    while (!file_in.eof())                                  //判断文件是否结束
    {
        file_in.getline(buf, 128);                          //逐行读取数据到 buf 中
        cout << buf << endl;                                //输出 buf 内容
        memset(buf, 0x00, 128);                             //清空 buf 内容
    }

    delete[] buf;                                           //释放动态内存
    file_in.close();                                        //关闭文件
}
```

程序运行结果（文件内容）如下:

```
1 2 3 4 5 6 7 8 9
A B C D E F G
```

分析：利用 getline()一次可以读取一个文本块，比上面的几种方式读取效率高。在其第三个参数未指定的情况下，默认以换行符为标识读取文本文件中的一行数据。

15.4.5 二进制文件的输入/输出

二进制文件不是按照字符形式存储到文件中的，所以读取文本文件的函数不能应用在二进制文件中。向二进制文件写入数据是利用流类 ostream 的 write()函数来实现的，其原型如下:

```cpp
ostream& write(const char * buffer ,int len);
```

扫一扫，看视频

参数说明：

● 第一个参数 buffer 用于存储需要写入文件的内容。

● 第二个参数 len 是设定写入数据的长度。

【示例 15-16】将如下内容写入文件 C:\a.dat 中。

```
1 2 3 4 5 6 7 8 9
A B C D E F G
```

代码如下：

```cpp
#include <iostream>
#include <fstream>
using namespace std;

int main()
{
    ofstream file_out("C:\a.dat", ios::out | ios::binary | ios::trunc);
                                                    //打开二进制文件

    if (!file_out)                                  //如果文件打开失败，则显示错误信息
    {
        cerr << "C:\a.dat 无法打开!" << endl;
        exit(1);
    }
    for (int i = 49; i <= 57; i++)
    {
        file_out.write((char*)&i, sizeof(int));     //写入1,2,3,…,9
    }
    for (int i = 65; i <= 70; i++)
    {
        file_out.write((char*)&i, sizeof(int));     //写入A,B,C,…,G
    }

    file_out.close();
}
```

对于程序运行结果，读者可以打开文件 C:\a.dat 进行查看（建议使用工具 UltraEdit）。

如果将二进制文件作为输入文件，那么读取其数据时使用流类 istream 的成员函数 read()，其函数原型如下：

```cpp
istream& read(char * buffer ,int len);
```

参数说明：

● 第一个参数 buffer 用于存储需要读取的内容。

● 第二个参数 len 是设定读取数据的长度。

【示例 15-17】将示例 15-16 建立的文件内容显示到屏幕上。代码如下：

```cpp
#include <iostream>
#include <fstream>
using namespace std;

int main()
{
    ifstream fin("C:\a.dat", ios::in | ios::binary);    //打开二进制文件
    if (!fin)                                            //判断文件是否打开成功
    {
        cerr << "C:\a.dat 文件无法打开!" << endl;
        exit(1);
    }
    int n;
    while (!fin.eof())
    {
        fin.read((char*)&n, sizeof(n));                  //读取内容
        cout << (char)n << " ";
    }
    fin.close();
}
```

程序运行结果（文件内容）如下：

```
1 2 3 4 5 6 7 8 9 A B C D E F F
```

分析：这个程序一次性只读出一个数值。

【示例 15-18】改造示例 15-17，使程序一次性从文件中读出多个字节。代码如下：

```cpp
#include <iostream>
#include <fstream>
using namespace std;

//输出字符串
void print(char* &str, int len)
{
    for (int i = 0; i < len; i++)
        cout<<str[i];
}

int main()
{
    ifstream fin("C:\a.dat",ios::in|ios::binary);        //打开二进制文件
    if (!fin)
    {                                                    //判断文件是否打开成功
        cerr<<"C:\a.dat 文件无法打开!"<<endl;
        exit(1);
```

```
        }

        char* buf = new char[11];                        //开辟空间
        memset(buf,0x00,11);                             //清空空间内容

        while (!fin.eof())
        {
                fin.read(buf,10);                        //一次性读出 10 个字节
                print(buf,10);                           //输出读取的内容
                memset(buf,0x00,10);                     //清空空间内容
        }

        delete[] buf;                                    //释放内存
        fin.close();                                     //关闭文件
    }
```

程序运行结果（文件内容）如下：

```
1 2 3 4 5 6 7 8 9 A B C D E F F
```

扫一扫，看视频

15.4.6　文件定位

与文件相关联的指针有两个：一个是读取指针，它指向文件当前要读取的数据的位置；另一个是写入指针，它指向现在正要写入数据的位置。这些指针在操作时系统会自动控制。上面介绍的读/写操作都是顺序进行的，没有跳跃性的数据读写。如果开发者只需要读写文件中的某部分，则需要涉及文件指针的控制。控制文件指针的有以下两个函数。

（1）流类 istream 的成员函数 seekg()用于把读文件指针移动到指定位置，函数原型如下：

```
istream& seekg(long dis,seek_dir ref=ios::beg);
```

（2）流类 ostream 的成员函数 seekp ()用于把写文件指针移动到指定位置，函数原型如下：

```
ostream& seekp(long dis,seek_dir ref=ios::beg);
```

参数说明（适用于上述两个函数）：

- dis 是文件指针需要移动的字节数。当其为正数时，表示后移（向文件末尾）；当其为负数时，表示向前移（向文件开头）。
- seek_dir 是 ios 根基类中定义的枚举类型。

```
enum seek_dir {beg = 0, cur = 1, end = 2};
```

ios::beg：文件的开始位置。

ios::cur：当前位置。

ios::end：结束位置。

移动指针操作一般在二进制文件中运用比较多。文本文件涉及存储字符编码的问题很少使用文

件指针移动控制。

【示例 15-19】将在示例 15-16 中建立的文件的字母内容显示到屏幕上。代码如下：

```cpp
#include <iostream>
#include <fstream>
using namespace std;

int main()
{
    ifstream fin("C:\a.dat", ios::in | ios::binary);    //打开二进制文件
    if (!fin)                                            //判断文件是否打开成功
    {
        cerr << "C:\a.dat 文件无法打开!" << endl;
        exit(1);
    }

    int n;
    fin.seekg(9 * 4, ios::beg);             //移动指针，9×4=36 字节（每个 int 型数据占用 4 字节）

    while (!fin.eof())
    {
        fin.read((char*)&n, sizeof(n));                  //读取内容
        cout << (char)n << " ";                          //输出内容
    }

    fin.close();                                         //关闭文件
}
```

程序运行结果（文件内容）如下：

```
1 2 3 4 5 6 7 8 9 A B C D E F F
```

15.5 本章实例

【实例 15-1】编写一个学生信息管理程序，要求将学生数据保存在文件中，提供查询、修改、删除学生信息的功能。

操作步骤如下：

（1）建立工程。建立一个"Win32 Console Application"程序，工程名为"Student"。程序主文件为 Student.cpp，Information.h 为 CInformation 类定义头文件，Information.cpp 为 CInformation 类实现文件，iostream 为预编译头文件。

（2）在头文件 StdAfx.h 中增加如下内容：

```cpp
#include <iostream>
```

```
#include <iomanip>
#include <fstream>
#include <vector>
using namespace std;

#define NULL 0
int const MAX_NUM=20;
#define LEN sizeof(struct student)

//定义一个学生考试信息的结构体
struct student
{
    char name[MAX_NUM];              //用来存放姓名
    char sex[MAX_NUM];               //用来存放性别
    long int id;                     //用来存放准考证号
    int score[4];                    //用来存放分数
    int total;                       //用来存放总分数
    struct student *next;
};
```

这里主要定义了一个存储学生信息的结构体，每一名学生的信息都存储在结构体里。在结构体内定义了一个指针 next，它的作用是指向存储下一名学生信息的结构体。这样可以将所有存储学生信息的结构体连成一个链表，以实现查询、删除等功能。关于链表操作，读者可以参考数据结构章节。

（3）新建一个类 CInformation，在 Information.h 中输入以下代码：

```
#pragma once
#pragma warning(disable:4996)
#include "Student.h"

static int n=0;                                   //定义一个全局变量统计学生人数
class CInformation
{
public:
    CInformation();
    virtual ~CInformation();
    student* creat();                             //建立链表函数
    void output(student* head);                   //输出链表
    int count(student* head);                     //定义函数 count()统计考生总数
    student* insert(student* head);               //指针函数*insert()用来添加考生信息
    student* cancel(student* head,long int num);  //指针函数*cancel()用来删除考生信息
    student* find(student* head,long int num);    //指针函数*find()用来查找考生信息
    void sort(student* head);                      //考生的总分从大到小排列并输出
    void average( student* head);                  //求学生成绩平均分的函数
    void save(student* head);                      //保存函数
    student* Read();                               //读取函数
```

```
private:
    student *p1,*p2,*p3,*head,st;
};
```

这里定义了学生信息类，目的是将所有学生信息存入其中，并能提供各种接口去操作这些学生信息。

（4）在 Information.cpp 中输入以下代码：

```
//学生信息类的构造函数和析构函数。
#include "stdafx.h"
#include "Information.h"

CInformation::CInformation()
{ }

CInformation::~CInformation()
{ }
```

1）新建学生信息成员函数。通过此函数，可以将一名学生信息输入本系统中。在新建学生信息时，首先将用户输入的信息保存，然后将其插入链表中。

```
student *CInformation::creat(void)
{
    char ch[MAX_NUM];n=0;                    //用来存放姓名
    p1=p2=(student *)malloc(LEN);            //调用malloc()函数来开辟一个新的存储单元
    cout<<" -----------<< 请 建 立 学 生 考 试 信 息 表 ， 在 姓 名 处 键 以  ！ 结 束 输
入。>>------------"<<endl;
    cout<<" 姓名: ";
    cin>>ch;
    head=NULL;                               //给指针 head 赋初值
    while (strcmp(ch,"!")!=0)
    {//调用字符比较函数 strcmp()来判断是否继续输入
        p1=(student *)malloc(LEN);           //调用malloc()函数来开辟一个新的存储单元
        strcpy(p1->name,ch);        //将循环结构前面输入的姓名复制到结构体名为 p1 的数组 name 中
        cout<<" 性别: ";
        cin>>p1->sex;
        cout<<" 准考证号（8 位）: ";
        cin>>p1->id;
        cout<<" 数学成绩: ";
        cin>>p1->score[0];
        cout<<" 物理成绩: ";
        cin>>p1->score[1];
        cout<<" 英语成绩: ";
        cin>>p1->score[2];
        cout<<" C 语言成绩: ";
        cin>>p1->score[3];
        p1->total=p1->score[0]+p1->score[1]+p1->score[2]+p1->score[3];  //计算总分
```

```
        if(n==0)head=p1;            //如果是输入第一组学生考试信息，就将指针 p1 赋予指针 head
        else p2->next=p1;           //否则将 p1 赋予 p2 所指结构体的 next 指针
        p2=p1;                      //将指针 p1 赋予指针 p2
        n++;                        //将 n 的值加 1
        cout<<" 姓名：";
        cin>>ch;                    //将输入的姓名存放到字符数组 ch 中
    }
    p2->next=NULL;                  //将 p2 所指结构体的 next 指针重新赋空值
    return (head);                  //返回输入的第一组学生考试信息
}
```

2）输出学生信息成员函数。利用此成员函数，可以将存入系统的所有学生信息输出，以供用户查看。

```
void CInformation::output(student *head)
{
    if(head==NULL) cout<<" 这是一个空表，请先输入考生成绩。\n";
    else{
        cout<<"------------------------------------------------------------\n";
        cout<<" *学生考试成绩信息表*\n";
        cout<<"------------------------------------------------------------\n";
        cout<<"准考证号 姓 名 性别 数学 物理 英语 C 语言 平均分 总分\n";
        cout<<"------------------------------------------------------------\n";
        p1=head;                                    //将头指针赋予 p
        do
        {
            cout<<setw(8)<<p1->id
                <<setw(9)<<p1->name
                <<setw(8)<<p1->sex
                <<setw(8)<<p1->score[0]
                <<setw(9)<<p1->score[1]
                <<setw(9)<<p1->score[2]
                <<setw(9)<<p1->score[3]
                <<setw(9)<<p1->total/4.0
                <<setw(9)<<p1->total<<endl;
            cout<<"------------------------------------------------------------\n";
            p1=p1->next; //将下一组考生信息的 next 指针赋予 p
        }while(p1!=NULL); //若指针 p 非空，则继续，1 目的是把所有的考生信息都传给指针 p，然后输出
    }
}
```

3）获得存储的学生数成员函数。本成员函数可以统计本系统存储的学生数。

```
int CInformation::count(struct student *head)
{
    if(head==NULL)return(0);                //若指针 head 为空，则返回值为 0
    else return(1+count(head->next));       //函数的递归调用
}
```

4）插入存储的学生信息成员函数。本系统是按照准考证号来进行信息排序的，本成员函数可以将一名新的学生信息插入系统中。

```cpp
student *CInformation::insert( student *head)
{
        cout<<"\t----------------<<请输入新增学生成绩信息>>----------------\n"<<endl;
        p1=(student *)malloc(LEN);          //使 p1 指向插入的新结点
        cout<<" 准考证号（8 位）: ";
        cin>>p1->id;                         //将输入的准考证号存放到 p1 所指结构体的数组 id 中
        cout<<" 姓名: ";
        cin>>p1->name;                       //将输入的姓名存放到结构体名为 p1 的数组 name 中
        cout<<" 性别: ";
        cin>>p1->sex;
        cout<<" 数学成绩: ";
        cin>>p1->score[0];                   //将输入的数学成绩存放到 p1 所指结构体的数组 score 中
        cout<<" 物理成绩: ";
        cin>>p1->score[1];                   //将输入的物理成绩存放到 p1 所指结构体的数组 score 中
        cout<<" 英语成绩: ";
        cin>>p1->score[2];                   //将输入的英语成绩存放到 p1 所指结构体的数组 score 中
        cout<<" C 语言成绩: ";
        cin>>p1->score[3];                   //将输入的 C 语言成绩存放到 p1 所指结构体的数组 score 中
        p1->total=p1->score[0]+p1->score[1]+p1->score[2]+p1->score[3];      //计算总分
        p2=head;                             //将头指针赋予 p2
        if(head==NULL)                       //若没调用此函数以前的头指针 head 为空
        {
            head=p1;p1->next=NULL;
        }                                    //则将 p1 赋予头指针 head 并将 p1 所指结构体成员指针 next 赋空值
        else
        {
            while((p1->id>p2->id)&&(p2->next!=NULL))
            {
                p3=p2;                               //p3 指向原 p2 指向的结点
                p2=p2->next;
            }                                        //p2 后移一个结点
            if(p1->id<=p2->id)
            {
                if(head==p2)
                {
                    p1->next=head;
                    head=p1;
                }                                    //插入第一个结点之前
                else
                {
                    p3->next=p1;
                    p1->next=p2;
                }                                    //插入 p3 所指结点之后
```

```
        }
        else
        {
                p2->next=p1;
                p1->next-NULL;
        }                                    //插入尾结点之后
    }
    n++;//将学生人数加 1
    cout<<"\t----------------<<你输入的学生信息已经成功插入>>----------------"<<endl;
    return (head);
}
```

5）删除某学生信息成员函数。本成员函数用于删除某个学生，调用时需要传入准考证号码，系统会根据准考证号码来删除学生信息。

```
student *CInformation::cancel(student *head,long int num)
{

    if(head==NULL)                           //若调用此函数以前的头指针 head 为空
    {
        return(head);
    }
    else
    {
        p1=head;                             //否则将头指针赋予 p1
        while(num!=p1->id&&p1->next!=NULL)   //寻找要删除的结点，当 p1 所指的学生准考证号不是
                                             //  输入的学生准考证号且 p1 所指的 next 指针不为空
        {
            p2=p1;
            p1=p1->next;
        }                                    //p2 指向原 p1 指向的结点，p1 后移一个结点
        if(num==p1->id)                      //如果输入的学生准考证号是 p1 所指的学生准考证号
                                             //  结点，找到后删除
        {
            if(p1==head) head=p1->next;      //如果 head 指针和 p1 指针相等，则将下一个结点
                                             //  赋予指针 head
            else
                p2->next=p1->next;           //否则将 p1 所指结点赋予 p2 所指结点，将要删除
                                             //  的学生信息跳过去
            cout<<" 删除准考证号为"<<num<<"的学生\n";
            n--;                             //将学生人数减 1
        }
        return(head);                        //返回头指针
    }
}
```

6）查找某学生信息成员函数。本成员函数提供学生信息查询功能，查询时以准考证号为依据

进行查询。

```
student *CInformation::find(student *head,long int num)
{

    if(head==NULL)                                    //若调用此函数以前的头指针 head 为空
    {
        cout<<" 这是一个空表，请先输入考生成绩。\n";
        return(head);
    }
    else
    {
        p1=head;                                      //否则将头指针赋予 p1
        while(num!=p1->id&&p1->next!=NULL)            //寻找结点，当 p1 所指的学生准考证号不是输入
                                                        的学生准考证号且 p1 所指的 next 指针不为空

        {
            p1=p1->next;
        }//p2 指向原 p1 指向的结点，p1 后移一个结点
        if(num==p1->id)//如果要查找的学生准考证号是 p1 所指的学生准考证号
        {
            cout<<"---------------------------------------------------------------\n";
            cout<<"准考证号 姓 名 性别 数学 物理 英语 C 语言 平均分 总分 \n";
            cout<<"---------------------------------------------------------------\n";
            cout<<setw(8)<<p1->id
                <<setw(9)<<p1->name
                <<setw(6)<<p1->sex
                <<setw(7)<<p1->score[0]
                <<setw(7)<<p1->score[1]
                <<setw(7)<<p1->score[2]
                <<setw(7)<<p1->score[3]
                <<setw(10)<<p1->total/4.0
                <<setw(7)<<p1->total<<endl;
            cout<<"---------------------------------------------------------------\n";
        }
        else
            cout<<" 没找到准考证号为"<<num<<"的学生。\n";        //结点没找到
        return(head);
    }
}
```

7）信息排序成员函数。本成员函数对系统中的学生信息进行排序，排序的依据为准考证号从小到大排列。

```
void CInformation::sort(student *head)
{
    int i,k,m=0,j;
    student *p[MAX_NUM];                    //定义一个指向 struct student 的结构体指针数组 p
```

```
            if(head!=NULL)                                              //如果头指针为空，则继续
            {m=count(head);
            cout<<"--------------------------------------------------------\n";
            cout<<"  *学生考试成绩统计表*\n";
            cout<<"--------------------------------------------------------\n";
            cout<<"准考证号 姓 名 性别 数学 物理 英语 C语言 平均分 总分 名次\n";
            cout<<"--------------------------------------------------------\n";
            p1=head;
            for(k=0;k<m;k++)
            {
                p[k]=p1;
                p1=p1->next;
            }
            for(k=0;k<m-1;k++)                                          //选择排序法
                for(j=k+1;j<m;j++)
                    if(p[k]->total<p[j]->total)
                    {
                        p2=p[k];
                        p[k]=p[j];
                        p[j]=p2;
                    }                                                    //从大到小排列的指针
                    for(i=0;i<m;i++)
                    {
                        cout<<setw(8)<<p[i]->id
                            <<setw(9)<<p[i]->name
                            <<setw(6)<<p[i]->sex
                            <<setw(7)<<p[i]->score[0]
                            <<setw(7)<<p[i]->score[1]
                            <<setw(7)<<p[i]->score[2]
                            <<setw(7)<<p[i]->score[3]
                            <<setw(8)<<p[i]->total/4.0
                            <<setw(7)<<p[i]->total
                            <<setw(9)<<i+1<<endl;
                        cout<<"--------------------------------------------------------\n";
                    }
            }
        }
    }
```

8）计算学生各科平均成绩成员函数。本成员函数将系统中的所有学生信息进行汇总，统计出各科平均成绩并显示给用户。

```
    void CInformation::average(student *head)
    {

        int k,m;
        float arg1=0,arg2=0,arg3=0,arg4=0;
        if(head==NULL)                                                  //如果头指针为空，则继续
        {
```

```
                cout<<" 这是一个空表，请先输入考生成绩。\n";
        }
        else
        {
            m=count(head);
            p1=head;
            for(k=0;k<m;k++)
            {
                    arg1+=p1->score[0];
                    arg2+=p1->score[1];
                    arg3+=p1->score[2];
                    arg4+=p1->score[3];
                    p1=p1->next;
            }
            arg1/=m;arg2/=m;arg3/=m;arg4/=m;
            cout<<" *全班单科成绩平均分*\n";
            cout<<"------------------------------------------------------------\n";
            cout<<" 数学平均分："<<setw(7)<<arg1
                <<" 物理平均分："<<setw(7)<<arg2
                <<" 英语平均分："<<setw(7)<<arg3
                <<" C语言平均分："<<setw(7)<<arg4<<endl;
            cout<<"------------------------------------------------------------\n";
        }
    }
```

9）信息保存成员函数。本成员函数将系统中的所有学生信息保存到文件中，系统以文本文件作为存储方式。

```
void CInformation::save(student *head)
{
    ofstream out("data.txt",ios::out);
    out<<count(head)<<endl;
    while(head!=NULL)
    { out<<head->name<<"\t"
    <<head->id<<"\t"<<"\t"
    <<head->sex<<"\t"
    <<head->score[0]<<"\t"
    <<head->score[1]<<"\t"
    <<head->score[2]<<"\t"
    <<head->score[3]<<"\t"
    <<head->total<<endl;
    head=head->next;
    }

}
```

10）学生信息读取成员函数。本成员函数从文件中读取学生信息数据到系统中，此函数读取的文件是成员函数 save()建立的文件。

```
student *CInformation::Read()
{ int i=0;
p1=p2=( student *)malloc(LEN);
head=NULL;
ifstream in("data.txt",ios::out);
in>>i;
if(i==0){cout<<" data.txt 文件中的数据为空，请先输入数据。"<<endl; return 0;}
else {
    cout<<" ....................................................................................."<<endl;
    for(;i>0;i--)
    { p1=(student *)malloc(LEN);
    in>>st.name>>st.id>>st.sex
        >>st.score[0]>>st.score[1]>>st.score[2]>>st.score[3]
        >>st.total;
    strcpy(p1->name,st.name);
    p1->id=st.id;
    strcpy(p1->sex,st.sex);
    p1->score[0]=st.score[0];
    p1->score[1]=st.score[1];
    p1->score[2]=st.score[2];
    p1->score[3]=st.score[3];
    p1->total=st.total;
    if(n==0)head=p1;          //如果是输入第一组学生考试信息，就将指针 p1 赋予指针 head
    else p2->next=p1;          //否则将 p1 赋予 p2 所指结构体的 next 指针
    p2=p1;                     //将指针 p1 赋予指针 p2
    n++;                       //将 n 的值加 1
    //显示读入数据
    cout<<" "<<p1->name<<"\t"
        <<p1->id<<"\t"<<"\t"
        <<p1->sex<<"\t"
        <<p1->score[0]<<"\t"
        <<p1->score[1]<<"\t"
        <<p1->score[2]<<"\t"
        <<p1->score[3]<<"\t"
        <<p1->total<<endl;
    cout<<" .............................................................................."<<endl;
    //
    }
    cout<<" 数据已经成功读取完毕。"<<endl;
    p2->next=NULL;
    return (head);
    }
}
```

（5）在 Student.cpp 中输入以下代码：

```
#include "Student.h"
```

```
#include "Information.h"
vector<student> stu;                                //student 向量容器

int main()
{
    CInformation person;
    student *head=NULL;
    int choice;
    long int i;
    do{
        cout<<" 1.输入学生成绩"<<endl;
        cout<<" 2.显示学生成绩"<<endl;
        cout<<" 3.排序统计成绩"<<endl;
        cout<<" 4.查找学生成绩"<<endl;
        cout<<" 5.增加学生成绩"<<endl;
        cout<<" 6.删除学生成绩"<<endl;
        cout<<" 7.安全退出系统"<<endl;
        cout<<" 请输入您的选择(0--7):";
        cin>>choice;
        switch(choice)
        {
        case 0:head=person.Read();break;
        case 1:
            head=person.creat();
            break;
        case 2:
            person.output(head);
            break;
        case 3:
            person.sort(head); person.average(head);
            cout<<" 参加考试的学生人数为: "<<person.count(head)<<"人\n";
            break;
        case 4:
            cout<<" 请输入要查找的准考证号（8 位）: ";
            cin>>i;
            person.find(head,i);
            break;
        case 5:
            head=person.insert(head);
            person.output(head);
            break;
        case 6:
            cout<<" 请输入要删除的准考证号（8 位）: ";
            cin>>i;
            head=person.cancel(head,i);
```

```
                person.output(head);
                break;
            case 7:
                person.save(head);
                break;
            default :cout<<" 对不起，您的输入有误，请重新输入。\n";
                break;
            }
        }while(choice!=7);
    }
```

在程序的主函数中提供了菜单供用户调用，以方便用户操作。

（6）请读者自行分析程序运行结果。

15.6　小结

本章主要讲述了 C++输入/输出流的用法，内容包括流类的层次结构、流对象及其格式化输出、文件流；重点在于流运算符的重载和文件的操作。流在 C++中是一个重要的概念，任何输入/输出操作都是流的操作。读者需要理解流并熟练掌握流的操作才能正确运用输入/输出系统。下一章将讲述C++中的异常处理。

15.7　习题

一、单项选择题

1. 类的析构函数的作用是（　　）。

    A．一般成员函数　　　　　　　　B．类的初始化

    C．对象初始化　　　　　　　　　D．删除对象

2. 运算符+、=、*、>=中，优先级最高的是（　　）。

    A．+　　　　　　B．=　　　　　　C．*　　　　　　D．>=

3. 若有以下定义：

    int a=100,*p=&a;

    则说法错误的是（　　）。

    A．声明变量 p，其中*表示 p 是一个指针变量

    B．变量 p 经初始化获得变量 a 的地址

    C．变量 p 只可以指向一个整型变量

    D．变量 p 的值为 100

二、填空题

1. 利用成员函数对二元运算符重载，其左操作数为_____，右操作数为_____。
2. 文件的打开是通过使用类_____的成员函数来实现的。
3. 运算符重载后，原运算符的优先级和结合特性_____改变。（会/不会）

三、简答题

1. 在 C++ 中什么是流？流的提取和插入是指什么？I/O 流在 C++ 中起着怎样的作用？
2. cerr 和 clog 有何区别？

第 *16* 章

C++异常处理

程序在运行阶段可能会产生一些错误，这些错误有时是无法避免的。一个好的程序应该有很强的容错能力，能在出现错误时进行很好的处理。C++提供了异常处理（exception handling）机制，通过这个机制可以使开发者更好地处理程序中的错误。本章的内容包括：

- 错误和异常的概念和分类。
- C++异常机制。
- 析构函数与异常处理。

通过对本章的学习，读者可以了解异常的概念和分类、理解异常处理的任务、掌握类和函数中的异常处理方法。

16.1 异常的概念、分类与举例

异常是指程序不正常运行的情况。根据程序开发所处阶段的不同，异常可以被分为不同的种类。

16.1.1 异常的概念和分类

开发者在编写程序过程中，面临的最大困扰就是如何消除程序中的异常。异常是指在代码执行过程中中断或干扰代码正常执行的事件。异常的种类有很多时，按照一般的程序开发过程来说可分为语法错误和运行时错误。

1. 语法错误

C++语言的代码在书写过程中需要遵循语言本身的语法，前面已经学习了许多语法规则。编译系统在进行编译时，编译器会首先检查代码的语法是否正确。当有不符合语法规则的代码时，编译器会发出错误警告，成熟的编译器会提示开发者程序在什么位置出错。在编译阶段发现的错误称为编译错误。这类错误是必须被修正的，否则无法进行下一步开发。

另外，有些编译器对有些不完全符合语法规则的代码会给出警告，但不是必须修正的，开发者依然可以进行下一步开发。但是这些被给出警告的代码可能导致程序运行结果与预期的结果不同。

2. 运行时错误

有的程序可以通过编译，并且在一些情况下可以正常运行。但是在一些特殊情况下运行会出现错误，运行结果不能达到期望的效果，或者程序非正常终止，这些都属于运行时错误。例如，以下情况都会导致程序运行时错误。

- 程序申请内存失败，无法进行后续操作。
- 在进行除法运算时，除数为 0。
- 操作文件失败，读取或写入文件失败。
- 网络突然中断，导致程序无法读取网络上的数据。

📢 注意：

造成程序运行时出错的原因比较多且一般都比较复杂，有可能是程序自身的原因，也可能是由程序所处的外部环境造成的。开发者无法预测导致错误的所有可能情况，所以处理运行时错误是比较复杂的。在过程化的语言中，只能处理少量的错误，大部分错误无法得到处理。

16.1.2 异常现象的举例

在了解了异常的概念后，下面通过一个例子来说明。

【示例 16-1】异常现象的举例：除法时出现除 0 异常。代码如下：

```
#include <iostream>
```

扫一扫，看视频

```
using namespace std;

int main()
{
    int a,b;
    cin>>a;                                    //输入 a
    cin>>b;                                    //输入 b

    cout<<a/b<<endl;                           //输出 a 除以 b 的结果
}
```

程序运行结果（在除数为 0 时）如下：

```
2（输入）
0（输入）
```

分析：当 b 输入 0 时，程序出现除 0 异常，提示如图 16.1 所示，但是从提示很难看出出现了什么异常。

图 16.1　除 0 异常

16.2　C++异常处理机制

异常处理是 C++语言提供的一种捕捉和处理程序错误的机制。异常处理的三个组成部分为 try 模块、throw 模块和 catch 模块。

扫一扫，看视频

16.2.1　异常处理的任务

为了能更好地处理程序的运行时异常，C++引入了异常处理机制。异常处理是对程序发生错误时的响应，异常处理机制是对异常处理的一套完整的规则和方法。

使用异常处理可以在程序运行发生错误时做一系列必要的处理，从而将程序出错所导致的损失降到最小。没有异常处理的程序不是一个完整的程序。如果程序中没有异常处理，可能导致的后果是比较严重的。例如，程序开辟的一些资源没有被释放导致操作系统崩溃等，另外，开发者也无法分析出程序在什么地方出错了。如果在程序中加入异常处理，那么在程序出现异常时可以将程序分配的资源释放，也可以提示维护人员程序出现了什么样的错误、出错的位置在哪里等。

在设计程序时，一般可以事先分析出程序运行时最可能出现的错误。针对这些错误进行相应的异常处理。当然，并不是所有的错误都能被考虑到，对无法预知的错误也需要有相应的必要处理。

扫一扫，看视频

16.2.2　异常处理的基本思想

在过程化语言和小规模程序中，处理异常一般用简单的方法，经常使用的是利用 if 语句进行判断处理。例如，在进行除法运算时，可以用 if 来检测除数是否为 0；在对文件进行操作时，可以用 if 来判断是否成功地打开了文件。但这样简单的方法在大型程序以及面向对象的语言中可用性不高：一方面过多的 if 判断会使程序庞大且复杂；另一方面会产生许多类似或重复的处理代码。异常处理机制则很好地解决了这些弊端。

在 C++ 中对异常处理的基本思想是：如果一个函数执行过程中出现异常，在本函数中可以不立即处理，而是发出一个消息，将错误消息传递给它的上一级调用函数，调用函数在检测（捕捉）到这个消息后进行处理。如果调用函数也不能处理，再传递给其上一级调用函数处理。如此将消息逐级向上传递，直到最终这个异常被处理。如果到最后一级也无法处理此异常，则程序终止（此时这个异常由 C++ 运行系统捕捉并处理）。C++ 中对异常处理的基本流程如图 16.2 所示。

利用 C++ 的异常处理机制，程序中的大部分函数不用进行异常处理，而只需要一个函数来处理即可。这在调用关系复杂的模块中显得非常有效。如果主调函数调用了多个函数，那么只需要在主调函数中进行异常处理即可。C++采用逐级传递异常的机制来进行异常处理可以提高程序的效率。

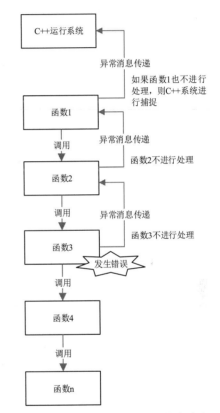
图 16.2　C++对异常处理的基本流程

16.2.3　异常处理的组成

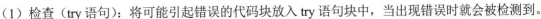
扫一扫，看视频

C++异常处理机制的实现可以分为以下三个步骤。

（1）检查（try 语句）：将可能引起错误的代码块放入 try 语句块中，当出现错误时就会被检测到。

（2）抛出（throw 语句）：当程序出现错误时，可以将此错误用 throw 语句抛出，即抛出一个异常。

（3）捕捉（catch 语句）：用于捕捉并处理异常（直接处理异常或者将其抛给上一级函数处理）。异常处理三个步骤的语法格式如下。

（1）检查（try 语句）的语法格式如下：

```
try
{
    复合语句;
}
```

参数说明：

● try 子句后的复合语句是需要保护的代码块，即可能出现错误的代码段。

（2）抛出（引发）异常的语法格式如下：

```
throw {表达式;}
```

参数说明：

● 如果在某段程序中出现了异常，而本身又不进行处理，那么可以用 throw 语句将此异常抛出。

● 异常被抛出后，如果本函数不处理，会自动将该异常传递给其调用者。

● 异常抛出的不是 throw 后面表达式的值，而是表达式结果的类型，也就是异常类型。如果函数中需要抛出多个异常，那么这些异常类型应该是互不相同的，这样才能区分不同的异常。

（3）处理异常（catch 块）的语法格式如下：

```
catch(异常类型声明)
{复合语句;}
```

参数说明：

● catch 语句块放在 try 语句块后，每一个 try 语句块后可以有一个或多个 catch 语句块，但是不同 catch 语句块处理的异常类型应该是不同的。

● 每个 catch 语句块只能捕获和处理一种异常。

● 异常类型声明指明了本 catch 语句块所处理的异常类型。

● 异常类型可以是任何有效的 C++数据类型，如 C++的结构体、类等。

● 在处理异常时，经常需要异常对象的参与，此时可以将异常对象通过参数传入 catch 语句块。

异常处理的完整结构如下：

```
//try-catch 的结构
try
{
    被检查的语句;
    throw 表达式;
    被检查的语句;
}
catch(异常消息类型 1 [变量名 1])
```

```
{
        进行异常处理的语句;
}
catch(异常消息类型 2 [变量名 2])
{
        进行异常处理的语句;
}
```

【示例 16-2】改造示例 16-1，当除数为 0 时，设置异常处理，提示除 0 错误。代码如下：

```
#include <iostream>
uisng namespace std;

int main()
{
    try
    {
        int a,b;
        cin>>a;
        cin>>b;
        if (b==0) throw a;                          //抛出异常
        cout<<a/b<<endl;
    }
    catch(int)
    {                                               //处理异常
        cout<<"除数为 0"<<endl;
    }
}
```

程序运行结果如下：

```
12
0
除数为 0
```

在示例 16-2 中，当除数输入为 0 时，则将异常抛出，并在本函数中进行处理。

【示例 16-3】给出三角形的 3 条边 a、b、c，求三角形的面积。只有 a+b>c，b+c>a，c+a>b 时才能构成三角形。设置异常处理，对不符合三角形条件的输出警告信息，不予计算。代码如下：

```
#include <iostream>
using namespace std;

int  main()
{
    char *buf;
    try
    {
```

```
            buf=new char[51200000000000000];  //申请一个大的数组，由于数组太大，运行时会出现错误
            if(buf==0)                          //当内存开辟失败时，抛出异常
                    throw "内存开辟失败!";
    }
    catch (char *str)                           //捕捉 char*类型异常
    {
            cout << "异常发生: "<< str <<"\n";
            return 1;
    }
    … //其他代码
}
```

程序运行结果如下：

异常发生：内存开辟失败！

在示例 16-3 中，程序编译成功（无语法错误），但是在运行时开辟内存会失败。因为系统无法分配这么大的内存空间，所以出现异常。异常抛出后，catch 语句块会捕捉该异常并进行处理。

扫一扫，看视频

16.2.4   异常处理的执行过程

异常处理的执行过程如下。

（1）执行 try 语句块中的语句。

（2）如果在 try 语句块中未引起异常，则 catch 语句不执行，程序继续执行 try 语句后面的语句。

（3）如果在 try 语句块中有异常发生（包括其中调用的子函数抛出的异常），则执行如下过程。

1）程序会通过 throw 表达式返回的对象创建一个异常对象。

2）程序跳出 try 语句块，寻找匹配的 catch 语句块。

3）寻找匹配的 catch 语句块是按照先后顺序执行的，若找到了匹配的 catch 语句块，则执行其中的语句，当执行完 catch 语句块后，即使后面还有匹配的 catch 语句块也不会执行。

（4）程序继续往下执行。如果遇到 try…catch 语句，则执行过程与前面的步骤类似。

（5）如果在任何一个异常处理段中没有找到匹配异常处理 catch 语句块，则程序会默认调用系统函数 terminate()将程序终止。

下面通过一个例子来说明异常处理的过程。

【示例 16-4】函数嵌套情况下的异常检测处理。代码如下：

```
#include <iostream>
using namespace std;

void f1();                                      //函数 f1()前向声明
void f2();                                      //函数 f2()前向声明
void f3();                                      //函数 f3()前向声明

int main()
```

```
{
    try
    {
        f1();                               //主函数调用函数 f1()，函数 f1()中可能会抛出异常
    }
    catch(double)                           //捕捉 double 类型异常
    {
        cout<<"main catch"<<endl;
    }
    cout<<"main end"<<endl;
}
void f1()
{
    try
    {
        f2();                               //调用函数 f2()，函数 f2()中可能会抛出异常
    }
    catch(char)                             //捕捉 char 类型异常
    {
        cout<<"f1 catch";
    }
    cout<<"f1 end"<<endl;
}
void f2()
{
    try
    {
        f3();                               //调用函数 f3()，函数 f3()中可能会抛出异常
    }
    catch(int)                              //捕捉 int 类型异常
    {
        cout<<"f2 catch"<<endl;
    }
    cout<<"f2 end"<<endl;
}
void f3()
{
    double a=0;
    try
    {
        throw a;                            //抛出 double 类型异常消息
    }
    catch(float)
    {
        cout<<"f3 catch"<<endl;
    }
```

```
        cout<<"f3 end"<<endl;
    }
```

程序运行结果如下：

```
main catch
main end
```

分析：在本例中，异常处理过程如图 16.3 所示。

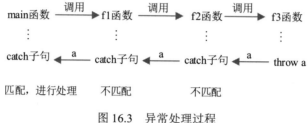

图 16.3   异常处理过程

如果在此程序中将函数 f3()改为：

```
void f3()
{
    double a=0;
    try
    {
        throw a;                        //抛出 double 类型异常消息
    }
    catch(double)                       //捕捉 double 类型异常
    {
        cout<<"f3 catch"<<endl;
    }
    cout<<"f3 end"<<endl;
};
```

则在程序运行中，函数 f3()中 throw 抛出的异常消息会被本函数中的 catch 子句捕获。程序运行结果如下：

```
f3 catch                            //在函数 f3()中捕获异常
f3 end                              //执行函数 f3()中最后一个语句的输出
f2 end                              //执行函数 f2()中最后一个语句的输出
f1 end                              //执行函数 f1()中最后一个语句的输出
main end                            //执行主函数中最后一个语句的输出
```

如果在此基础上再将函数 f3()中的 catch 语句块改为：

```
catch(double)
{
    cout<<"f3 catch"<<endl;
```

```
        throw;
    }
```

函数 f3() 中的 catch 子句捕获 throw 抛出的异常消息 a，输出 "f3 catch" 表示收到此异常消息，但它立即被再次抛出。由于 a 是 double 型的，与函数 f2() 中的 catch 子句都不匹配，最后被 main 函数中的 catch 子句捕获。程序运行结果如下：

```
f3 catch
main catch
main end
```

16.3　析构函数与异常处理

扫一扫，看视频

前面介绍的 C++ 异常处理是处理不同数据类型的异常。在异常抛出后，是否会执行类的析构函数呢？

设想如下情况：如果在 try 语句块中定义了类对象（包括其调用的子函数中的类对象），在 try 语句块中发生异常后，程序会跳转到 catch 语句块中。这时 try 语句中的局部对象资源由于没有调用析构函数而没有被回收，会导致资源丢失。显然，这不符合 C++ 资源需要回收的思想。

其实 C++ 的异常处理已经考虑到了这一点。在异常抛出时，若遇到局部对象，则会自动调用其析构函数进行资源回收。当 try 语句块中发生异常后，首先由系统自动调用局部对象的析构函数，然后跳转到 catch 语句块，这样就保证了资源的有效控制。

【示例 16-5】在异常处理中调用析构函数。代码如下：

```
#include <iostream>
#include <string>
using namespace std;

class Student
{
public:
    Student(int no,string name)                    //构造函数
    {
        cout<<"构造函数:"<<no<<endl;
        this->no=no;                               //学号
        this->name=name;                           //姓名
    }
    ~Student(){cout<<"析构函数:"<<no<<endl;};
    void ShowStuInfo();                            //显示学生信息
private:
    int no;
    string name;
```

```
    };

    void Student::ShowStuInfo()                          //显示学生信息函数实现
    {
        cout<<"ShowStuInfo Begin"<<endl;
        if(no==0)
            throw no;                                    //抛出异常
        else
            cout<<no<<" "<<name<<endl;
        cout<<"ShowStuInfo End"<<endl;
    }

    void fun()
    {
        Student stu1(9901,"Zhang");                      //定义一个学生信息
        stu1.ShowStuInfo();                              //显示学生信息
        Student stu2(0,"Li");                            //定义一个学生信息
        stu2.ShowStuInfo();                              //显示学生信息
    }

    //主函数
    int main()
    {
        cout<<"main begin"<<endl;
        try
        {
            fun();                                       //调用函数 fun()
        }
        catch(int n)                                     //捕捉 int 类型异常
        {
            cout<<"num="<<n<<",Error!"<<endl;
        }
        cout<<"main end"<<endl;
    }
```

程序运行结果如下：

```
main begin
构造函数：9901
ShowStuInfo Begin
9901 Zhang
ShowStuInfo End
构造函数：0
ShowStuInfo Begin
析构函数：0
析构函数：9901
```

```
num=0,Error!
main end
```

分析：示例 16-5 说明了在异常处理中调用析构函数的情况。为了清晰地表示流程，程序中加入了一些 cout 语句输出有关信息，以便读者对照结果分析程序。

16.4 本章实例

定义一个基类，并从该基类公有派生两个不同派生类，实现对捕获的不同类型的异常进行处理。操作步骤如下：

（1）建立工程。建立一个"Win32 Console Application"程序，工程名为"ExceptionTest"。程序主文件为 ExceptionTest.cpp，BaseClass.h 为 CBaseClass 类定义头文件，BaseClass.cpp 为 CBaseClass 类实现文件，DerClass1.h 为 CDerClass1 类定义头文件，DerClass1.cpp 为 CDerClass1 类实现文件，DerClass2.h 为 CDerClass2 类定义头文件，DerClass2.cpp 为 CDerClass2 类实现文件，iostream 为预编译头文件。

（2）在主文件 ExceptionTest.cpp 中增加如下内容：

```
using namespace std;
```

（3）新建一个类 CBaseClass，在 BaseClass.h 中输入以下代码：

```
#pragma once
class CBaseClass
{
public:
    CBaseClass() {};
    virtual ~CBaseClass() {};

};
```

（4）新建一个类 CDerClass1，在 DerClass1.h 中输入以下代码：

```
#pragma once
#include "BaseClass.h"

class CDerClass1 : public CBaseClass
{
private:
    int i;
public:
    CDerClass1(int si)
    {
        i = si;
    }
```

```
        virtual ~CDerClass1() {};
};
```

（5）新建一个类 CDerClass2，在 DerClass2.h 中输入以下代码：

```
#pragma once
#include "BaseClass.h"

class CDerClass2 :public CBaseClass
{
public:
        CDerClass2() {};
        virtual ~CDerClass2() {};
};
```

（6）在 ExceptionTest.cpp 中输入以下代码：

```
#include <iostream>
#include "DerClass1.h"
#include "DerClass2.h"
using namespace std;

int main()
{
        CDerClass1 d1(0);                               //CDerClass1 实例
        int i, k = 6;
        for (i = 0; i <= k; i++)                        //循环抛出异常（测试异常机制）
        {
                try
                {
                        switch (i)
                        {
                        case 0: throw 1;                //抛出整型异常
                        case 1: throw 1.2;              //抛出浮点型异常
                        case 2: throw 'a';              //抛出字符型异常
                        case 3: throw d1;               //抛出 CDerClass1 类对象异常
                        case 4: throw CDerClass2();     //抛出 CDerClass2 类异常
                        case 5: throw "exception";      //抛出字符串异常
                        case 6: throw CBaseClass();     //抛出 CBaseClass 类对象异常
                        }
                        cout << "switch end.\n";
                }
                catch (int)                             //捕捉整型异常
                {
                        cout << "catch a int exception.\n";
                }
                catch (double& value)                   //捕捉浮点型异常
                {
```

```
            cout << "catch a double exception,this value is " << value << "\n";
        }
        catch (char)                                        //捕捉字符异常
        {
            cout << "catch a char exception.\n";
        }
        catch (CDerClass1)                                  //捕捉 CDerClass1 类对象异常
        {
            cout << "catch a CDerClass1 class exception.\n";
        }
        catch (CBaseClass)                                  //捕捉 CBaseClass 类对象异常
        {
            cout << "catch a CBaseClass class exception.\n";
        }
        catch (...)                                         //捕捉任何异常
        {
            cout << "nothing is caught.\n";
        }
    }

}
```

（7）程序运行结果如下：

```
catch a int exception.
catch a double exception,this value is 1.2
catch a char exception.
catch a CDerClass1 class exception.
catch a CBaseClass class exception.
nothing is caught.
catch a CBaseClass class exception
```

本程序首先定义了基类 CBaseClass，然后通过派生产生 CDerClass1 和 CDerClass2。在主程序中，通过循环来抛出异常并对异常进行捕捉。特别需要注意的是，catch(...)这种捕捉异常的形式，可以捕捉任何异常。在本程序中，因为在异常捕捉中没有专门针对字符串类型的异常，所以在抛出 exception 时，只能被 catch(...)语句块捕捉到。

同时，本程序也演示了派生类的异常捕捉规则。在 catch 语句块部分没有专门针对 CDerClass2() 类的捕捉，但是有针对其基类 CBaseClass 的处理。因此，当 try 语句块中抛出 CDerClass2 类对象时，会被 catch(CBaseClass){}语句块捕捉到。

16.5　小结

本章主要讲述了异常的概念和分类以及 C++的异常处理机制。所谓异常处理，指的是对运行时出现的差错以及其他例外情况的处理。C++异常处理机制提供了有效地检测和处理程序出现例外的方法。读者在学习本章的内容后，可以基本掌握 C++异常处理的方法。关于更高级的异常处理，读者需要再深入学习。下一章将介绍 C++的 API 编程和 MFC 编程。

16.6　习题

一、填空题

1．C++程序将可能发生异常的程序块放在_____中，紧跟其后可放置若干个对应的_____。

2．throw 表达式的行为有些像函数的_____，而 catch 子句则有些像函数的_____。

二、程序设计题

设计一个直线类 Line（设直线方程为 $ax+by+c=0$），其中包含三个数据成员 a、b 和 c，一个显示数据成员的 disp 成员函数和一个求两直线交点的友元函数 setpoint，要求考虑当两直线平行或交点坐标的绝对值大于或等于 10^8 时，可抛出异常消息，并进行相应的处理。

第 *17* 章

API 编程和 MFC 框架简介

在学习了 C++语法之后，还不足以编写出实用的程序，需要借助一些框架来编写实用的程序。Visual Studio 2022 经常使用 API（application programming interface）和 MFC（Microsoft foundation class library）来进行编程。本章的内容包括：

- API 编程基础知识。
- MFC 框架介绍。

通过对本章的学习，读者需要理解 API 编程原理、MFC 基本框架，并掌握 API 编程的基本方法、MFC 基本开发流程。

17.1　API 编程介绍

视窗操作系统应用程序接口（Windows API，Win API），是微软公司对于 Windows 操作系统中可用的内核应用程序编程接口的称法。

API 是应用软件与 Windows 操作系统最直接的交互方式。Windows 自带一个软件开发包（software development kit，SDK）提供相应的文档和工具，以提供开发者开发使用 Windows API 和 Windows 的相关技术。

17.1.1　认识 API 编程

在学习 API 编程之前，首先来看一个典型的 Win32 Application 程序，从而初步认识 API 函数。

【示例 17-1】建立一个 Win32 Application 工程。操作步骤如下：

（1）新建工程，建立一个"Windows 桌面应用程序"，工程名为"Win32App"。程序主文件为 Win32App.cpp。

（2）选择工程的存储路径。

（3）打开 Win32App.cpp 文件，这是程序的核心代码：

```
// Win32App.cpp : 定义应用程序入口点


#include "framework.h"
#include "Win32App.h"

#define MAX_LOADSTRING 100

//全局变量
HINSTANCE hInst;                                //当前实例
WCHAR szTitle[MAX_LOADSTRING];                  //标题栏文本
WCHAR szWindowClass[MAX_LOADSTRING];            //主窗口类名
//此代码模块中包含的函数的前向声明
ATOM              MyRegisterClass(HINSTANCE hInstance);
BOOL              InitInstance(HINSTANCE, int);
LRESULT CALLBACK  WndProc(HWND, UINT, WPARAM, LPARAM);
INT_PTR CALLBACK  About(HWND, UINT, WPARAM, LPARAM);

int APIENTRY wWinMain(_In_ HINSTANCE  hInstance,
                     _In_opt_ HINSTANCE hPrevInstance,
                     _In_ LPWSTR  lpCmdLine,
                     _In_ int  nCmdShow)
{
    UNREFERENCED_PARAMETER(hPrevInstance);
    UNREFERENCED_PARAMETER(lpCmdLine);
```

```
        //TODO：在此处放置代码

        //初始化全局字符串
        LoadStringW(hInstance, IDS_APP_TITLE, szTitle, MAX_LOADSTRING);
        LoadStringW(hInstance, IDC_WIN32APP, szWindowClass, MAX_LOADSTRING);
        MyRegisterClass(hInstance);

        //执行应用程序初始化
        if(!InitInstance (hInstance, nCmdShow))
        {
                return FALSE;
        }

        HACCEL hAccelTable = LoadAccelerators(hInstance, MAKEINTRESOURCE(IDC_WIN32APP));

        MSG msg;

        //主消息循环
        while(GetMessage(&msg, nullptr, 0, 0))
        {
            if(!TranslateAccelerator(msg.hwnd, hAccelTable, &msg))
            {
                    TranslateMessage(&msg);
                    DispatchMessage(&msg);
            }
        }

        return (int) msg.wParam;
}



//
//函数: MyRegisterClass()
//
//目标: 注册窗口类
ATOM MyRegisterClass(HINSTANCE hInstance)
{
    WNDCLASSEX wcex;
    wcex.cbSize = sizeof(WNDCLASSEX);
    wcex.style          = CS_HREDRAW | CS_VREDRAW;
    wcex.lpfnWndProc    = WndProc;
    wcex.cbClsExtra     = 0;
    wcex.cbWndExtra     = 0;
    wcex.hInstance      = hInstance;
    wcex.hIcon          = LoadIcon(hInstance, MAKEINTRESOURCE(IDI_WIN32APP));
```

```
    wcex.hCursor            = LoadCursor(nullptr, IDC_ARROW);
    wcex.hbrBackground      = (HBRUSH)(COLOR_WINDOW+1);
    wcex.lpszMenuName       = MAKEINTRESOURCEW(IDC_WIN32APP);
    wcex.lpszClassName      = szWindowClass;
    wcex.hIconSm            = LoadIcon(wcex.hInstance, MAKEINTRESOURCE(IDI_SMALL));

    return RegisterClasEx(&wcex);
}

//函数: InitInstance(HINSTANCE, int)
//目标: 保存实例句柄并创建主窗口
//注释:
//在此函数中，我们在全局变量中保存实例句柄并创建和显示主程序窗口
BOOL InitInstance(HINSTANCE hInstance, int nCmdShow)
{
    hInst = hInstance;                                  //将实例句柄存储在全局变量中

    HWND hWnd = CreateWindowW(szWindowClass, szTitle, WS_OVERLAPPEDWINDOW,
        CW_USEDEFAULT, 0, CW_USEDEFAULT, 0, nullptr, nullptr, hInstance, nullptr);

    if (!hWnd)
    {
        return FALSE;
    }

    ShowWindow(hWnd, nCmdShow);
    UpdateWindow(hWnd);

    return TRUE;
}
//函数: WndProc(HWND, UINT, WPARAM, LPARAM)
//目标: 处理主窗口的消息
//WM_COMMAND: 处理应用程序菜单
//WM_PAINT: 绘制主窗口
//WM_DESTROY: 发送退出消息并返回
LRESULT CALLBACK WndProc(HWND hWnd, UINT message, WPARAM wParam, LPARAM lParam)
{
    switch (message)
    {
    case WM_COMMAND:
        {
            int wmId = LOWORD(wParam);
            //分析菜单选择
            switch (wmId)
            {
            case IDM_ABOUT:
```

```
                DialogBox(hInst, MAKEINTRESOURCE(IDD_ABOUTBOX), hWnd, About);
                break;
            case IDM_EXIT:
                DestroyWindow(hWnd);
                break;
            default:
                return DefWindowProc(hWnd, message, wParam, lParam);
            }
        }
        break;
    case WM_PAINT:
        {
            PAINTSTRUCT ps;
            HDC hdc = BeginPaint(hWnd, &ps);
            //TODO: 在此处添加使用 hdc 的任何绘图代码
            EndPaint(hWnd, &ps);
        }
        break;
    case WM_DESTROY:
        PostQuitMessage(0);
        break;
    default:
        return DefWindowProc(hWnd, message, wParam, lParam);
    }
    return 0;
}


// "关于" 框的消息处理程序
INT_PTR CALLBACK About(HWND hDlg, UINT message, WPARAM wParam, LPARAM lParam)
{
    UNREFERENCED_PARAMETER(lParam);
    switch (message)
    {
    case WM_INITDIALOG:
        return (INT_PTR)TRUE;

    case WM_COMMAND:
        if (LOWORD(wParam) == IDOK || LOWORD(wParam) == IDCANCEL)
        {
            EndDialog(hDlg, LOWORD(wParam));
            return (INT_PTR)TRUE;
        }
        break;
    }
    return (INT_PTR)FALSE;
}
```

下面会结合此段代码对 Win32 API 编程进行学习。

（4）运行程序，会出现图 17.1 所示的界面。

图 17.1　Win32 Application 示例界面

通过上面这些操作建立了一个利用 Win32 API 编写的简单应用程序，读者可以从这个应用程序的代码中了解到 Win32 API 的大致知识。

扫一扫，看视频

17.1.2　API 函数的概念和作用

Win32 API 是 Microsoft Windows 32 位平台的应用程序编程接口。在操作系统的发展历史上，Windows 后来占据了主导地位，Windows 下的应用程序也不断丰富。为了方便 Windows 程序开发者开发 Windows 应用程序，Microsoft 提供了一系列 API 函数供开发者使用。这些函数是应用程序和操作系统的接口，利用这些函数，开发者可以像"堆积木"一样来开发程序。

Windows 下各种界面丰富、功能多样灵活的应用程序都离不开 API 函数。可以说，API 函数是开发应用程序的基石，它能直接与操作系统核心进行交互。图 17.2 所示为 API 函数与应用程序和操作系统的关系。

直接利用 Win32 API 函数进行开发是比较复杂的：首先表现在开发者必须记住大量常用的 API 函数原型和使用方法；其次必须对 Windows 操作系统的底层有深入的了解。要做到这两点是比较困难的。随着软件技术的发展，开发者一直在寻找更为有效的开发方法。

目前在 Windows 平台上已经出现了很多可视化编程环境（如 VB、VC++、Delphi 等），这些开发环境让开发者能够利用"所见即所得"的编程方式来开发界面丰富和功能强大的应用程序。更为方便的是，这些工具提供了大量的类库和各种控件，可以让开发者脱离复杂的 API 功能。实际上，这些类库和控件都是由 Win32 API 封装而来的，是 API 函数的集合，三者的关系如图 17.3 所示。利用这些类库和控件，可以加速 Windows 应用程序的开发。

图 17.2　API 所处位置

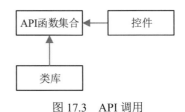

图 17.3　API 调用

注意：

在实际开发中，如果要开发出更有效率、更灵活实用的应用程序，必须直接使用 API 函数。类库和控件只是对 Windows 一般功能的封装，对于特别复杂的功能，则必须使用 API 函数来实现。

17.1.3　Windows API 的分类

标准 Win32 API 所提供的功能可以分为 7 类：窗口管理、窗口通用控制、Shell 特性、图形设备接口、系统服务、国际特性和网络服务。这些 API 中提供了以下功能。

- 基础服务（base services）API：对 Windows 系统的基础资源进行访问，如对文件系统、外部设备、进程、线程、注册表等的访问。
- 图形设备接口（Graphics Device Interface，GDI）API：在显示器、打印机及其他外部输出设备上绘制图形。
- 图形化用户界面（Graphical User Interface，GUI）API：建立与管理屏幕和大多数基本控件、接收鼠标和键盘输入等。
- 通用对话框链接库（common dialog box library）API：提供应用程序标准的对话框，如打开/保存文件对话框、字体对话框等。
- 通用控件链接库（common control library）API：提供操作系统级别的高级控件，如状态栏、进度条、工具栏等。
- Windows 外壳（Windows Shell）API：提供应用程序实现对操作系统的访问。
- 网络服务（network services）API：提供网络功能接口，如 NetBIOS、Winsock 等。
- Web 相关 API：为网页浏览器提供许多应用程序接口。
- 多媒体相关 API：为多媒体服务和游戏服务提供接口。
- 程序通信 API：提供不同应用程序的通信接口。后面将学习到这些基本的通信机制。

17.1.4　Windows API 的基本术语

为了更好地了解 Windows 编程方法，必须先了解一些基本术语。

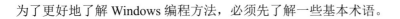

1. 句柄

句柄是 Windows 编程的基础，是最常用的术语。句柄本身是 Windows 在内存中的一个 4 字节长的数值，用于标识应用程序中不同对象和相同对象的不同实例。常见的 API 句柄如下。

- HWND：窗口句柄。
- HINSTANCE：类实例句柄。
- HCOURSOR：光标句柄。
- HMENU：菜单句柄。
- HFILE：文件句柄

2. 消息

消息是 Windows 中的一个重要概念。消息是指操作系统向某个程序发出的一个通知，告知应用程序某个事件发生了。例如，单击鼠标、按下键盘时，Windows 都会发送一个消息给应用程序，告知应用程序这些事件发生了。

早期的操作系统一般都是单任务操作系统，如 DOS，这些操作系统在同一时间只能执行一个任务。而 Windows 属于多任务抢占式操作系统。多任务是指操作系统可以同时运行多个任务；抢占式是指操作系统可以改变原来命令的执行顺序，抢先执行那些优先级比较高的任务。

Windows 操作系统是依靠 Windows 的消息处理机制来执行多任务的。在 Windows 中，操作系统会为应用程序生成一个消息队列。操作系统向其中写入信息，应用程序从消息队列中取得信息，然后开始一一执行。

3. 消息处理机制

消息处理机制是指 Windows 处理消息的方法和规则，Windows 有一套完整的消息处埋机制。Windows 的消息处理机制由以下三个部分构成。

- 消息队列：Windows 为每个应用程序生成一个消息队列。应用程序只能从消息队列中获取消息，然后分派给某个窗口。
- 消息循环：通过这个循环机制，应用程序可以从消息队列中检索消息，再把它分派给特定的窗口，之后继续从消息队列中检索下一条消息，再分派给特定的窗口。只要消息队列中有消息，循环就一直执行。
- 窗口过程：每个窗口都有一个窗口过程来接收传递给窗口的消息，它的任务就是获取消息，然后进行响应。窗口过程是一个回调函数。回调函数是一种特殊的函数，这种函数是开发者编写提供给 Windows 模块或者其他外部模块进行调用的。回调函数对信息进行处理，处理完成后则返回一个值给 Windows。

图 17.4 所示是一个典型的 Windows 消息处理过程。

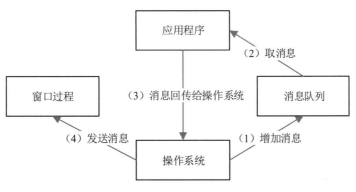

图 17.4　消息处理机制过程

下面分析其处理步骤。

（1）增加消息：操作系统接收到应用程序的窗口消息（用户的操作形成消息），将消息保存到该应用程序的消息队列中。

（2）取消息：应用程序从消息队列中取出一条消息。取出消息后，应用程序首先对消息进行一些预处理（如是否放弃对此消息的处理等），然后进行下一步处理。

（3）消息回传给操作系统：应用程序将消息再次传递给操作系统。

（4）发送消息：操作系统把消息发送给应用程序，窗口过程对此消息进行响应。

17.1.5　Windows API 的基本使用

扫一扫，看视频

现在使用最基本的范例程序 Hello World 来说明 Win32 API 的运行机制。读者可以参照示例 17-1 中的代码进行分析。编写一个 API 窗口程序，其基本步骤如下。

（1）入口函数。每一个程序都必须有一个进入点，Win32 Application 的进入点函数名称是wWinMain，它的原型如下：

```
int APIENTRY wWinMain(_In_ HINSTANCE hInstance,_In_opt_ HINSTANCE hPrevInstance,_In_
LPWSTR lpCmdLine,_In_ int nCmdShow);
```

● 函数中的 APIENTRY 是 Windows API 调用的一种方式说明，它是在 minwindef.h 头文件中定义的。其定义如下：

```
#define WINAPI __stdcall
#define APIENTRY WINAPI
```

从上面的定义可以看出，APIENTRY 即__stdcall。__stdcall 是一种函数调用规则。它是指函数调用的参数压栈方式采用 Pascal 语言压栈方式。调用时参数是从右到左进行压栈的，在被调函数返回前自己进行堆栈清空操作。与其相对的还有__cdecl、_fastcall 等调用方式。

● hInstance 是实例句柄，它被用来唯一地标识这个程序。程序的每一个实例都有自己的句柄值，不同的实例不会有相同的句柄值。

● hPrevInstance 是历史遗留下来的句柄，在目前的 32 位 Windows 系统中是被忽略的，它一直指向 NULL 值。之所以不取消此参数，是考虑到系统间的兼容性。

● IpCmdLine 保存着传递给该程序的命令行参数。_In_ LPWSTR 是一个指向以 NULL（\0）结尾的 8 位 ANSI 字符数组指针。当程序需要处理传入命令时，需要用到此参数。

● nCmdShow 参数是一个数值，决定窗口的显示形式。它的可选值有以下 3 个。

SW_SHOWNORAML：一般显示方式（操作系统决定显示大小）。

SW_SHOWMAXIMIZED：最大化显示方式。

SW_SHOWMINNOACTIVE：程序将显示在任务栏上。

（2）注册窗口类。Windows 应用程序的运行一般都需要在窗口中显示，窗口类都是从窗口基类派生而来的。注册窗口类时使用 RegisterClassEx()函数，其原型为：

```
ATOM MyRegisterClass(HINSTANCE hInstance);
```

这里 ATOM 在 minwindef.h 被定义为：

```
typedef unsigned short WORD;
typedef WORD ATOM;
```

可见，ATOM 即 unsigned short。

窗口具体注册初始过程为：

```
WNDCLASSEX wcex;
wcex.cbSize = sizeof(WNDCLASSEX);                       //结构的大小
wcex.style = CS_HREDRAW | CS_VREDRAW;                   //类风格
wcex.lpfnWndProc = (WNDPROC)WndProc;                    //窗口类的窗口过程
wcex.cbClsExtra = 0;                                    //在类结构中预留的空间
wcex.cbWndExtra = 0;                                    //在 Windows 内部保存的窗口结构中预留的空间
wcex.hInstance = hInstance;                             //程序的实例句柄
wcex.hIcon = LoadIcon(hInstance, (LPCTSTR)IDI_EXAMPLE); //程序图标
wcex.hCursor = LoadCursor(NULL, IDC_ARROW);             //结构的大小
wcex.hbrBackground = (HBRUSH)(COLOR_WINDOW+1);          //指定窗口的背景颜色
wcex.lpszMenuName = (LPCSTR)IDC_EXAMPLE;                //指定菜单
wcex.lpszClassName = szWindowClass;                     //类名，与程序名相同
wcex.hIconSm = LoadIcon(wcex.hInstance, (LPCTSTR)IDI_SMALL); //指定程序图标
return RegisterClassEx(&wcex);
```

（3）创建窗口。创建窗口是在 InitInstance()函数中完成的。创建窗口使用 CreateWindowW()函数来完成，其原型如下：

```
HWND CreateWindowW(
    LPCTSTR lpClassName,                                //窗口类名
    LPCTSTR lpWindowName,                               //窗口标题
    DWORD   dwStyle,                                    //窗口风格
    int x,                                              //初始 x
    int y,                                              //初始 y
    int nWidth,                                         //窗口宽
    int nHeight,                                        //窗口高
```

```
    HWND hWndParent,                                              //父窗口句柄
    HMENU hMenu,                                                  //菜单句柄
    HINSTANCE hInstance,                                          //实例句柄
    LPVOID lpParam                                                //创建参数
);
```

在 CreateWindowW()函数执行并返回后，Windows 会在内存中创建这个窗口，此时窗口不会被显示在屏幕上。窗口显示还需要调用 ShowWindow()和 UpdateWindow()这两个函数。读者可以参考示例 17-1 中 InitInstance()函数中的相关代码。

（4）消息循环。当窗口被显示处理后，程序就进入了运行期，并开始执行消息循环处理。代码如下：

```
while (GetMessage(&msg,nullptr, 0, 0))                           //取消息
{
    if (!TranslateAccelerator(msg.hwnd, hAccelTable, &msg))      //翻译加速键表
    {
        TranslateMessage(&msg);                                  //消息回传给操作系统
        DispatchMessage(&msg);                                   //调用窗口过程
    }
}
```

（5）窗口回调函数。真正响应消息执行动作的是窗口过程，窗口过程函数通常被命名为 WndProc()，其原型如下：

```
LRESULT CALLBACK WndProc(HWND hWnd,                              //窗口句柄
    UINT message,                                                //得到的消息
    WPARAM wParam,                                               //消息参数（支持16位）
    LPARAM lParam                                                //消息参数（支持32位）
)
```

LRESULT 实质上是 long，即函数返回一个长整型值给操作系统；CALLBACK 是指函数为回调函数（实质上也是__stdcall 的别称）。一个 Windows 程序可以有多个窗口，所以也可以有多个窗口过程。

（6）窗口收到消息后，就应该根据消息的不同进行相应的处理，其处理形式为：

```
switch(message)
{
  Case…:
    …;
  …;
};
```

至此，一个完整的 Win32 窗口程序就基本完成了。

从上面可以看出，Windows 程序的这种运行机制比较容易理解，比较令人迷惑的是不知道该调用哪个函数去完成想要的操作，以及怎样调用这些函数，从而灵活地进行底层 API 程序开发。只要读者仔细、耐心地学习，形成一个循序渐进的积累过程就可以掌握。

技巧：

利用 Visual Studio 2022 可以很方便地新建一个 Win32 Application，它会自动为开发者建立一个标准的 Win32 Application。读者可以通过这个标准程序来分析 Win32 Application 的运行原理。

17.2 MFC 框架简介

MFC（Microsoft foundation class library）是 Microsoft 为开发者定制的一个完整的应用程序框架，它可以让开发者在框架的基础上快速地建立 Windows 应用程序。这是一种相对 SDK 来说更为简单的方法。

扫一扫，看视频

17.2.1 认识 MFC 程序

在学习 MFC 编程之前，首先来看一个典型的 MFC 程序，从而初步认识 MFC 应用程序框架。

【示例 17-2】建立一个 MFC 应用程序工程。操作步骤如下：

（1）新建工程，建立一个"MFC 应用"程序，工程名为"MFC_App"。

（2）在"应用程序类型"下拉列表中选择"多个文档"应用程序（见图 17.7），单击"完成"按钮。

（3）建立好工程后，在工程中会发现自动生成的文件列表，如图 17.5 所示。

（4）运行程序，出现图 17.6 所示的界面。

图 17.5　MFC 应用程序文件列表　　　　　图 17.6　MFC 多文档应用程序界面

通过 Visual Studio 2022 应用程序生成向导可以自动生成一个完整的 MFC 程序，这是一个完整的 MFC 应用程序框架。读者可以先熟悉此程序架构，然后继续往下学习。

17.2.2 MFC 的编程框架

扫一扫，看视频

MFC 框架给开发者定义了一个应用程序的基本框架，并提供了许多用户和系统接口的标准实现方法，开发者只要完善预定义的接口，即可完成一个应用程序的编写。

1. 集成工具

Visual Studio 2022 提供了成熟的工具来完成 MFC 程序的编写。

● MFC 应用程序向导：用来生成初步的工程框架文件（框架代码和资源文件等），如图 17.7 所示。

图 17.7　MFC 应用程序向导

● 资源编辑器：用来设计用户界面、定义程序中所使用的资源等，如图 17.8 所示。

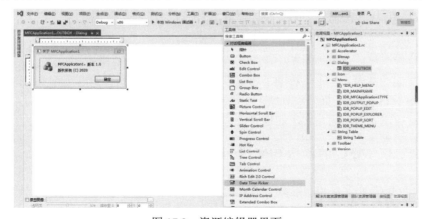

图 17.8　资源编辑器界面

- 类向导：用来辅助开发者添加代码到工程中，如图 17.9 所示。

图 17.9　类向导界面

2. 代码特性（高度封装和抽象）

众多由 C++编写的 MFC 类库组成了 MFC 框架，这些类库封装了大量 Win32 应用程序接口和概念。其特点是具有很高的封装性。

抽象是 C++的明显特征和优势，MFC 抽象出许多类的共同特性设计出一些具有普遍意义的基础类。这些类通过派生形成了许多实用的类。

在 MFC 的抽象类中，CObject 和 CCmdTarget 是最核心的类。CObject 是 MFC 所有类的基类，CCmdTarget 则是消息类的基类。

3. 重要对象

一个 MFC 程序由许多对象组成。其中比较重要的对象有如下几个。

- 窗口对象：基类是 CWnd，负责处理窗口对象。
- 应用程序对象：基类是 CWinThread，负责处理应用程序对象。
- 文档对象：基类是 CDocument，负责处理应用程序的文档对象。

开发者利用 MFC 的基本框架，结合实际开发需要从相应的 MFC 类中派生出自定义的类，实现特定的功能，就可以编写出满足要求的程序。

扫一扫，看视频

17.2.3　MFC 的模板和文档−视图思想

MFC 通过封装、继承等技术为开发者提供了一整套应用程序开发模板。开发者根据具体的需要，可以采用不同的模板。在 MFC 应用程序向导中，开发者可以获得如下模板。

- 单文档应用程序模板：只有一个文档区的应用程序（Windows 的画板程序就属于单文档应用程序）。
- 多文档应用程序模板：在一个程序中，可以产生多个文档区的应用程序（Microsoft 的 Office 产品中的 Word 应用程序就属于多文档应用程序）。
- 基于对话框应用程序模板：应用程序没有文档的概念，程序界面以对话框为基础。

单文档和多文档模板都采用了以"文档-视图"为中心的思想。文档主要负责数据的保存和处理，视图则负责数据的显示和编辑。每一个模板框架都包含了一组特定的类和对象，这些类和对象实现了"文档-视图"功能，也能实现大部分应用程序功能。

17.2.4 多文档应用程序的构成

请读者先参照 17.2.1 小节中的步骤建立多文档（MDI）应用程序，下面来分析 MDI 应用程序的构成。利用 Visual Studio 2022 的 MFC 应用程序向导生成一个 MDI 应用程序后，应用程序向导会创建一系列文件，构成一个应用程序框架。这些文件主要分为如下 4 类。

扫一扫，看视频

- 头文件（.h）。
- 实现文件（.cpp）。
- 资源文件（.rc）。
- 模块定义文件（.def）。

除了这些文件外，还有工程文件、辅助性文件（图标文件、工程类信息文件）等。

1. 构成 MDI 应用程序的对象

图 17.10 所示为 MDI 应用程序的对象结构图，箭头表示消息的传递方向。

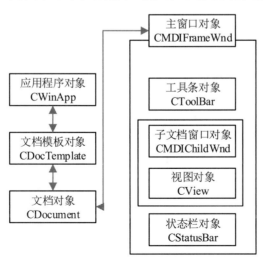

图 17.10　一个 MDI 应用程序的对象结构

从图 17.10 中可以看出，MDI 应用程序包含了 5 个核心对象类：CWinApp、CDocument、CView、CMDIFrameWnd 和 CMDIChildFrame。

（1）应用程序对象。参考示例 17-2 中 MFC_App.cpp 中的代码：

```
extern CMFCAppApp theApp;
```

即本程序的应用程序对象。

应用程序类派生自 CWinApp 类。在程序中必须有且只能有一个应用程序对象，它就是应用程序本身。它完成应用程序的初始化、运行和终止等功能。

（2）文档模板对象。参考示例 17-2 中 MFC_App.cpp 中的代码：

```
CMultiDocTemplate* pDocTemplate;
```

即本程序的文档模板对象指针。

文档模板类一般是没有基类的。单文档（SDI）应用程序使用 CSingleDocTemplate 类，MDI 应用程序则使用 CMultiDocTemplate 类。

文档模板类对象用于创建和管理应用程序对象、文档对象、视图对象等。

（3）文档对象。参考示例 17-2 中 MFC_AppView.cpp 中的代码：

```
CMFC_APPDoc* pDoc = GetDocument();
```

即本程序的文档对象指针。

文档类派生自 CDocument 类，它用来管理程序中的数据。

（4）视图对象。参考示例 17-2 中 afxwin.h 中的代码（类 CView 在 afxwin.h 中声明）：

```
CDocument* m_pDocument;
```

即本程序的视图对象指针。

视图类派生自 CView 类或它的派生类。视图负责将文档中的数据显示出来并将用户对文档的操作反馈给文档对象。

（5）主框架窗口对象。参考示例 17-2 中 MFC_App.cpp 中的代码：

```
CMainFrame* pMainFrame = new CMainFrame;
```

即本程序的主框架窗口对象指针。

当程序为 SDI 应用程序时，则其派生自 CFrameWnd 类；当程序为 MDI 应用程序时，则其派生自 CMDIFrameWnd 类。主框架窗口对象主要用于控制应用程序的主框架窗口，如对工具条、状态栏等的控制。

2. MFC 类的继承或者派生关系

图 17.11 所示为 MDI 应用程序所涉及的 MFC 类的继承或者派生关系。

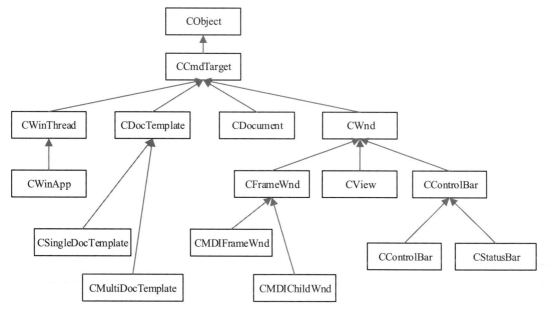

图 17.11　部分 MFC 类的层次

从图 17.11 中可以看出，MFC 中的类都是从 CObject 类派生出来的，所有处理消息的类都是从 CCmdTarget 类派生的方法。

17.3　小结

本章主要简略地介绍了 API 编程和 MFC 框架的一些基础知识。API 是应用软件与 Windows 系统最直接的交互方式，而 MFC 则可以让开发者快速建立 Windows 下的应用程序。掌握 API 和 MFC 编程是一个比较艰难的过程。读者要想熟练地掌握它们，需要进行额外的学习和研究。下一章将学习 C++中多线程的处理方法。

17.4　习题

一、单项选择题

1．一个 C++程序文件的扩展名为（　　）。

　　A．.h　　　　　　B．.c　　　　　　C．.cpp　　　　　　D．.cp

2．在多文件结构的程序中，通常把含有 main()函数的文件称为（　　）。

　　A．主文件　　　　B．实现文件　　　C．程序文件　　　D．头文件

3. 在多文件结构的程序中，通常把类的定义单独存放在（　　）中。

    A．主文件　　　　B．实现文件　　C．库文件　　　　D．头文件

4. 在多文件结构的程序中，通常把类中所有非内联函数的定义单独存放在（　　）中。

    A．主文件　　　　B．实现文件　　C．库文件　　　　D．头文件

5. 关于消息，下列说法中不正确的是（　　）。

    A．发送消息的对象请求服务，接收消息的对象提供服务

    B．消息的发送者必须了解消息的接收者如何响应消息

    C．在 C++中，消息的发送具体体现为对接收消息对象的某个函数的调用

    D．每个对象只能接收某些特定格式的消息

二、简答题

简述 C、C++、VC、MFC 在概念上的区别。

第 *18* 章

C++多线程处理

目前流行的操作系统都是多任务操作系统，即能同时运行多个程序，这是依靠进程（process）来实现的。为了提高程序的效率，又出现了线程（thread）的概念。进程和线程的运用，提高了软件的并行能力，同时使软件运行效率也得到了显著的增强。本章的内容包括：

●　进程、线程和多线程的概念。

●　线程的基本操作。

●　线程操作举例。

通过对本章的学习，读者需要理解进程、线程和多线程的概念，并掌握线程的基本操作方法。

18.1 进程和线程

进程是操作系统资源分配和调用的基本单位，其独立享有系统分配的资源。线程则是从属于进程的一个独立执行单位，它可以与其从属进程的其他线程共享资源。线程是 CPU 调度的基本单位。

扫一扫，看视频

18.1.1　进程和线程的概念

通俗地讲，一个进程是应用程序的一个实例。例如，用户运行一个写字板程序，写字板在系统中就是一个进程。当一个进程被建立后，其包含进程控制块、程序块、数据段和其他资源。进程占用系统一定的资源，这些资源在进程启动时创建，在进程终止时被系统回收。

线程是进程中的一个相对独立的执行单元，它能独立地处理某个任务。线程由进程创建，并受到进程的管制。一个进程可以创建多个线程，但至少有一个线程。当一个进程启动后，会首先生成一个默认的线程，一般称这个线程为主线程。

多线程可以让一个应用程序同时处理几个任务。例如，对于一个通信程序，我们可以分别建立两个线程，一个负责接收并处理数据，另一个负责发送数据，两者独立执行，相互不影响，如图 18.1 所示。

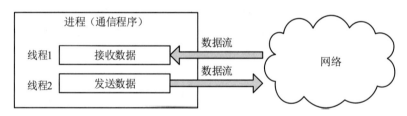

图 18.1　多线程通信程序

一个进程中可以包含多个线程，这些线程享有进程的系统资源（包括 CPU 资源）。当一个进程中包含多个线程时，由操作系统为每个线程分配 CPU 执行时间片（执行时间）。从 CPU 执行代码的角度来看，在某一个时刻只能执行一个线程的代码，多个线程则在 CPU 中轮流执行。这些执行线程的 CPU 时间片和线程切换时间都是非常短的，从宏观上来看，这些几乎可以忽略不计。因此，从用户角度来看，这些线程在系统中是并行运行的。

扫一扫，看视频

18.1.2　线程的优先级

从前面的学习可知，线程靠抢占 CPU 来轮换执行。从实际经验来看，那些对实时性要求高的任务线程应该优先执行，而一些对实时性要求低的程序应该可以延后执行。例如，编写一个文本编辑器程序，当程序启动后，就建立了以下两个线程：一个线程负责编辑文档；另一个线程负责定时备份所操作的文件。那么在这两个线程中前者肯定先于后者执行。

那么系统是根据什么来分配调用线程的呢？这就要引入优先级的概念。线程的优先级是操作系统为线程分配 CPU 时间片的依据。优先级高的线程会优先得到 CPU 的执行时间片。优先级越高，在同一个时间片竞争中获得 CPU 资源的概率越大。

在 Win32 系统中，线程的优先级别有 32 个，对应值为 0～31，常用的（这些常量在 WINBASE.h 中）见表 18.1。

表 18.1　常用的线程优先级别

优　先　级	值	级 别 说 明
THREAD_PRIORITY_IDLE	-15	空闲级别（空闲时运行）
THREAD_PRIORITY_LOWEST	-2	比一般级别低两个级别
THREAD_PRIORITY_BELOW_NORMAL	-1	比一般级别低一个级别
THREAD_PRIORITY_NORMAL	0	一般级别
THREAD_PRIORITY_ABOVE_NORMAL	1	比一般级别高一个级别
THREAD_PRIORITY_HIGHEST	2	比一般级别高两个级别
THREAD_PRIORITY_TIME_CRITICAL	15	实时级别

以上级别从上到下逐渐变高。另外，需要注意的是线程的优先级还与进程的优先级别有关，有兴趣的读者可以查找相关资料学习，在此不讲解。本章中的线程优先级别都是针对同一个进程类的线程的。

18.1.3　线程运行状态

线程从创建到消亡，存在于不同的状态，如图 18.2 所示。

扫一扫，看视频

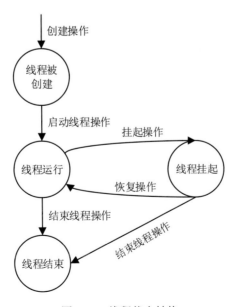

图 18.2　线程状态转换

对这些状态的解释如下。

- 线程被创建：此时线程被进程创建，分配了相关的资源，但是并未开始运行。
- 线程运行：线程被启动并开始工作。
- 线程挂起（有时称为睡眠）：线程在运行期间收到挂起命令，则立即停止运行并等待新的命令。当挂起的线程收到恢复命令时，则重新转入运行。
- 线程结束：当处于运行或者挂起线程收到结束命令时，则终止线程。

18.2 线程的操作

在之前的 C++标准中，实现线程的操作可以利用 API 来实现，也可以利用 MFC 来实现，但在 C++标准（C++ 11）于 2011 年发布后，引入了线程库 thread。这里将利用该标准来介绍线程操作的基本方法。

扫一扫，看视频

18.2.1 线程的建立

在每个 C++应用程序中都有一个默认的主线程，即 main 函数。在 C++ 11 中，可以通过创建 std::thread 类的对象来创建其他线程。每个 std :: thread 对象都可以与一个线程相关联，须包含头文件<thread>。

我们可以使用 std :: thread 对象附加一个回调，当这个新线程启动时，它会被执行。这些回调可以是函数值、函数对象和 Lambda 函数，C++ 11 线程创建的几种方法如下。

1. 用一个初始函数创建线程

初始函数就是我们通常所说的线程函数，它的定义与普通函数的定义是相同的，其包括返回值类型、函数名称、参数列表和函数体。

```
return_type function_name(parameter list)
{
    函数体
}
```

参数说明：

- return_type（返回值类型）：一个函数可以返回一个值，return_type 是函数返回值的数据类型。有些函数执行所需的操作而不返回值，在这种情况下，return_type 是关键字 void。
- function_name（函数名称）：这是函数的实际名称。函数名和参数列表一起构成了函数。
- parameter list（参数列表）：参数就像是占位符。当函数被调用时，向参数传递一个值，这个值被称为实际参数。参数列表包括函数参数的类型、顺序和数量。参数是可选的，也就是说，函数可能不包含参数。
- 函数体：函数体包含一组定义函数执行任务的语句。

用初始函数创建线程时，直接用函数名进行类对象的实例化即可。

【示例 18-1】使用 thread 库建立一个线程，演示线程函数的简单创建。代码如下。

```cpp
#include <iostream>
#include <thread>
using namespace std;

void print_thread()                          //线程函数
{
    cout << "线程1执行" << endl;
    cout << "线程2执行" << endl;
    cout << "线程3执行" << endl;
}
int main()
{
    thread mythread(print_thread);           //创建线程对象并用线程函数实例化
    mythread.join();                         //阻塞主线程
  //mythread.detach();

cout << "主线程执行" << endl;
 }
```

程序说明：

● thread mythread(print_thread)创建一个线程 mythread，print_thread 是该线程的初始函数（执行函数）。

● mythread.join()：阻塞主线程，等待线程 mythread()执行完毕，主线程再继续执行。

● mythread.detach()：线程分离，调用 detach()函数后，主线程与子线程分离，如果主线程先执行完毕，子线程将不再执行。

● 这里的主线程指 main 函数，子线程指 mythread 对象。

程序运行结果为：

```
线程1执行
线程2执行
线程3执行
主线程执行
```

📢**注意：**

C++在运行一个可执行程序时（创建了一个进程），会自动创建一个主线程，这个主线程和进程同生共死，主线程结束，进程也就结束了。

2. 用类对象创建一个线程

C++在 C 语言基础上增加了面向对象的概念，面向对象的所有操作都是基于类进行的。类的关键字是 class，在前面已经学习过，声明类的一般格式如下：

```
class 类名
```

```
{
private:
    …//私有的行为或属性;
    public:
    …//公共的行为或属性;
};
```

声明对象的一般格式为：

类名 对象名;

对象名的命名规则和普通变量的命名规则相同，在用类对象创建线程时，用对象名对 thread 对象实例化。

【示例 18-2】使用类对象建立一个线程。代码如下：

```cpp
#include <iostream>
#include <thread>
using namespace std;

class TT
{
public:
    int it;
    TT(int m_it) :it(m_it)                    //构造函数
    {
        cout << "构造函数被执行" << endl;
     }
    TT(const TT& t) :it(t.it)                 //复制构造函数
    {
        cout << "复制构造函数被执行" << endl,
    }
    ~TT()                                      //析构函数
    {
        cout << "析构函数被执行" << endl;
    }
    void operator()()                          //重载运算符()
    {
        cout << "it 的值: " << it << endl;
    }
};

int main()
{
    int it = 6;
    TT tt(it);                                 //调用构造函数

    thread mythread(tt);                       //创建线程对象并用类对象实例化
    mythread.join();                           //阻塞主线程 main 函数
```

```
    cout << "主线程执行" << endl;
}
```

程序说明：

● thread mythread(tt)：调用复制构造函数。

● mythread.join()：阻塞主线程，等待子线程执行完毕，主线程继续执行。

● void operator()()：重载运算符()，operator 是运算符重载关键字。

程序运行结果如下：

构造函数被执行
复制构造函数被执行
It 的值：6
析构函数被执行
主线程执行
析构函数被执行

3. 用 lambda 表达式创建一个线程

C++ 11 标准中引入了匿名函数，即没有名称的临时函数，又称为 lambda 表达式。lambda 表达式实质上是创建一个匿名函数/对象。

【示例 18-3】使用 lambda 表达式创建一个线程。代码如下：

```
#include <iostream>
#include <thread>
using namespace std;

int main()
{
    //用 lambda 表达式创建一个线程
    auto mylamthread = [] {                  //lambda 表达式
        cout << "线程开始执行" << endl;
        …
        cout << "线程执行结束" << endl;
    };

    thread mythread(mylamthread);            //创建线程对象并用 lambda 表达式实例化
    mythread.join();                         //阻塞主线程

    cout << "主线程执行结束" << endl;
}
```

程序说明：

● lambda 的语法形式如下。

[capture 子句] (参数列表) mutable Kexception 声明 -> 返回值类型 {函数体}

- lambda 主要分为 6 个部分：[capture 子句]、(参数列表)、mutable、exception 声明、返回值类型和{函数体}。
  - ✧ capture 子句：捕获子句（也称为 lambda 引导）。
  - ✧ 参数列表（也称为 lambda 声明符）：可有可无。
  - ✧ mutable：可变规范可有可无。
  - ✧ exception 声明：异常规范可有可无。
  - ✧ 返回值类型：可有可无。
  - ✧ 函数体：lambda 体。

程序运行结果如下：

```
线程开始执行
线程执行结束
主线程执行结束
```

另外，用 Win32 API 也可以创建线程，我们可以用 CreateThread()函数完成创建。

4. 使用 CreateThread()函数创建线程

CreateThread()函数的原型定义在 WINBASE.h 中，形式如下：

```
WINAPI
CreateThread(
    LPSECURITY_ATTRIBUTES lpThreadAttributes,
    DWORD dwStackSize,
    LPTHREAD_START_ROUTINE lpStartAddress,
    LPVOID lpParameter,
    DWORD dwCreationFlags,
    LPDWORD lpThreadId
    );
```

参数说明：

- IpThreadAttributes：指向_SECURITY_ATTRIBUTES 结构体的指针。一般情况下可以将其设置为 NULL。
- dwStackSize：设定线程堆栈的大小。一般情况下可以将其设置为 0，此时系统会自动调整其大小。
- IpStartAddress：指向线程函数的指针。在调用时，应将线程函数的地址传入进来。定义线程函数的一般形式为：

```
DWORD WINAPI thFunc(LPVOID arg1,…);
```

函数名代表函数的地址，所以调用时只要将此参数设置为 thFunc 即可。

- IpParameter：指向线程函数的结构体指针。如果线程函数没有参数，则将其设置为 NULL；如果有参数，则可以将参数列表定义成一个结构体传入。
- dwCreationFlags：线程建立时的状态标志。其取值可以将其设置为 0、CREATE_SUSPENDED、

THREAD_TERMINATE 等，或者其有意义的组合。当设置为 0 时，创建线程后立即被激活；当设置为 CREATE_SUSPENDED 时，线程建立后立即被挂起。

- IpThreadId：返回创建的这个线程的句柄，创建失败则返回 false。

【示例 18-4】使用 CreateThread 建立两个线程，演示如何向线程函数传递参数。代码如下：

```cpp
#include <Windows.h>

//此结构体存储传入线程函数的参数
typedef struct _param
{
    long lVal1;
    char cVal2;
}PARAM, * PPARAM;
//线程函数
DWORD WINAPI ThreadProc(LPVOID lpParam)
{
    PPARAM pParam;

    pParam = (PPARAM)lpParam;                   //将传入的参数进行转换，这样才能正确地获得参数
    //使用参数时，可以通过 pParam->lVal1 和 pParam->cVal2 来获得具体参数
    …//其他实现代码
        return 0;
}


int main()
{
    HANDLE hThread[2];
    DWORD dwThreadId[2];

    PPARAM pParam = new PARAM;
    pParam->lVal1 = 1000;
    pParam->cVal2 = '1';
    hThread[0] = CreateThread(
        NULL,                       //安全属性
        0,                          //线程栈大小
        ThreadProc,                 //线程函数地址
        pParam,                     //传递参数
        0,                          //状态标志
        &dwThreadId[0]);            //线程标识 ID

    pParam->lVal1 = 2000;
    pParam->cVal2 = '2';

    hThread[1] = CreateThread(
        NULL,                       //安全属性
        0,                          //线程栈大小
        ThreadProc,                 //线程函数地址
```

```
        pParam,                                      //传递参数
        0,                                           //状态标志
        &dwThreadId[0]);                             //线程标识 ID

    WaitForMultipleObjects(2,hThread,TRUE,INFINITE);  //等待两个线程完成返回

    CloseHandle(hThread[0]);                         //关闭线程
    CloseHandle(hThread[1]);                         //关闭线程

    }
```

示例 18-4 演示了利用 CreateThread 建立线程的方法，同时演示了向线程函数传递参数的方法。

扫一扫，看视频

18.2.2 线程的优先级设定

设定线程优先级的 API 函数为：

```
BOOL WINAPI SetThreadPriority(
    HANDLE hThread,
    int nPriority
);
```

获取线程优先级的 API 函数为：

```
Int WINAPI GetThreadPriority(
    HANDLE hThread
);
```

这两个函数比较简单，不作解释。需要注意的是，只有当线程具有 THREAD_SET_INFORMATION 属性时，才可以对其进行优先级设定，即当建立线程时，需要加此属性。

扫一扫，看视频

18.2.3 线程的挂起和恢复

线程的挂起使用 SuspendThread() 函数，其原型为：

```
DWORD WINAPI
SuspendThread(
    HANDLE hThread
);
```

线程的恢复使用 ResumeThread () 函数，其原型为：

```
DWORD WINAPI
ResumeThread(
    HANDLE hThread
);
```

SuspendThread() 函数用来挂起线程，即暂停线程的执行；ResumeThread() 函数用来恢复已经挂起的线程使其重新开始运行。

【示例 18-5】线程的挂起和恢复演示。代码如下：

```
DWORD WINAPI ThreadProc( LPVOID lpParam )
{
    int pParam;
    pParam = *(int*)(lpParam);                          //参数转换

    while(true){
        printf("Thead %d \n",pParam);
        Sleep(1000);
    }
    return 0;
}
int main()
{
    HANDLE hThread[2];
    DWORD dwThreadId[2];
    int nParam[2] ={1,2};
    hThread[0] = CreateThread(
        NULL
        0,
        ThreadProc,
        &nParam[0],
        0,
        &dwThreadId[0]);
    Sleep(100);
    hThread[1] = CreateThread(
        NULL,
        0,
        ThreadPro
        &nParam[1],
        0,
        &dwThreadId[1]);

    Sleep(2000);
    SuspendThread(hThread[0]);
    printf("Thread 1 Suspend\n");
    Sleep(2000);
    ResumeThread(hThread[0]);
    printf("Thread 1 Resume\n");
    Sleep(2000);

    TerminateThread(hThread[0],0);
    TerminateThread(hThread[1],0);

    WaitForMultipleObjects(2,hThread,TRUE,INFINITE);
    CloseHandle(hThread[0]);
```

```
        CloseHandle(hThread[1]);

}
```

程序的运行结果可能为：

```
Thead 1
Thead 2
Thead 1
Thead 2
Thead 1
Thread 1 Suspend
Thead 2
Thead 2
Thread 1 Resume
Thead 1
Thead 2
Thead 1
Thead 2
Thead 1
```

在程序中，当利用 SuspendThread()函数挂起线程 1 后，只有线程 2 在执行，说明线程 1 已经被成功挂起。利用 ResumeThread()函数恢复线程 1 后，其又开始执行。

扫一扫，看视频

18.2.4 线程的结束

我们可以通过调用不同的 API 函数或采取其他方式来结束线程，下面介绍几种典型方式。

1. 调用 TerminateThread()函数结束线程

TerminateThread()函数的原型为：

```
BOOL WINAPI
TerminateThread(
    HANDLE hThread,
    DWORD dwExitCode
);
```

其中，参数 dwExitCode 是设定线程的退出码。TerminateThread()函数在终止线程时，并不释放线程所占用的资源。所以在大部分情况下，使用它是不安全的。一般不建议开发者使用此函数。如果要使用此函数，为了确保安全性，需要再调用另一个函数 CloseHandle()来释放线程的堆栈资源。

2. 使用 ExitThread()函数结束线程

ExitThread()函数的原型为：

```
VOID WINAPI
```

```
ExitThread(
    DWORD dwExitCode
);
```

ExitThread()函数用于线程自我终止的情况,主要在线程内被调用。

3. 使用全局变量结束线程

改变全局变量使线程的执行函数返回,则该线程终止。全局变量对于各个线程来说都是可访问的,它可以作为各个线程通信的接口。当一个线程需要通知另一个线程一件事情时,可以设置相应全局变量的值,另一个线程通过读取此变量值来获得相应的信息。

【示例 18-6】使用全局变量使线程返回:建立两个线程,当一个线程执行结束后,第二个线程序才可以结束。代码如下:

```
#include <Windows.h>
#include <iostream>
using namespace std;

bool stop=FALSE;                                    //定义全局变量,用于控制线程的运行
DWORD WINAPI  ThreadProc1(LPVOID pParam)            //线程函数
{
    while(!stop){
        ...
        printf("Thead 1 Running.\n");
        //Sleep(300);
    }
    printf("Thead 1 Stopped.\n");
    return 0;
}


DWORD WINAPI ThreadProc2(LPVOID pParam)             //线程函数
{
    int n =0;
    while(n++<10){
        ...
        printf("Thead 2 Running.\n");
        Sleep(300);
    }
    printf("Thead 2 Stopped.\n");
    stop = true;
    return 0;
}
int main()
{
    HANDLE hThread[2];
    DWORD dwThreadId[2];
    int nParam[2] ={1,2};
```

```
    hThread[0] = CreateThread(
        NULL,
        0,
        ThreadProc1,
        &nParam[0] ,
        0,
        &dwThreadId[0]);
    Sleep(100);
    hThread[1] = CreateThread(
        NULL,
        0,
        ThreadProc2,
        &nParam[1],
        0,
        &dwThreadId[1]);
}
```

程序运行结果如下：

```
Thead 1 Running.
Thead 2 Running.
Thead 1 Running.
Thead 2 Running.
Thead 1 Running.
Thead 2 Running.
Thead 1 Running.
Thead 2 Stopped.
Thead 1 Stopped.
```

示例 18-6 的程序在运行时，线程 1 总是在线程 2 结束后才停止。线程 1 是否退出决定于全局变量 stop，而只有当线程 2 返回时才会将 stop 置为 true，所以只有在线程 2 返回结束时线程 1 才会结束。全局变量是线程间通信的一种手段。

18.3　线程操作举例

【示例 18-7】在一个程序中开辟两个线程：一个线程用于计算并显示奇数；另一线程用于计算并显示偶数。当计算数字超过 10 时，各自退出线程。代码如下：

```
#include <iostream>
#include <string>
#include <process.h>
#include <windows.h>

#define THREADS_NUM 2
```

```
using namespace std;
void __cdecl thread1(void *params);                          //线程函数1
void __cdecl thread2(void *params);                          //线程函数2


int main(int argc, char* argv[])
{
    HANDLE hThreads[THREADS_NUM];                            //线程句柄

    hThreads[0] = (HANDLE)_beginthread(thread1,0,NULL);      //建立并启动线程1
    hThreads[1] = (HANDLE)_beginthread(thread2,0,NULL);      //建立并启动线程2

    Sleep(1000);                                //主线程睡眠，让线程1和线程2执行

    CloseHandle(hThreads[0]                     //关闭线程1
    CloseHandle(hThreads[1]);                   //关闭线程2

    return 0;
}
void __cdecl thread1(void *params)
{
    int n = 0;
    while(n<=10){
        if (n/2==0) cout<<"Thread1-"<<n<<endl;
        n++;
        Sleep(2);                               //睡眠
    }
    cout<<"Thread1 exit."<<endl;
    return;
}


void __cdecl thread2(void *params)
{
    int n = 0;
    while(n<=10){
        if (n/2!=0) cout<<"Thread2-"<<n<<endl;
        n++;
        Sleep(2);                               //睡眠
    }
    cout<<"Thread2 exit."<<endl;
    return;
}
```

程序运行结果可能是以下情况：

```
Thread1-0
Thread1-1
Thread2-2
```

```
Thread2-3
Thread2-4
Thread2-5
Thread2-6
Thread2-7
Thread2-8
Thread2-9
Thread2-10
Thread2 exit.
Thread1 exit.
```

从结果上看，可能不是预期的。造成这样的原因是，两个线程在执行时会抢占 I/O 输出，导致线程 1 的结果被线程 2 覆盖，从而导致信息显示不正常。如果将 cout 改为 prinf() 函数即可解决此问题，因为 cout 属于非线程安全对象，而 prinf() 函数则是线程安全的。

18.4　小结

本章主要介绍了在 Visual Studio 2022 中编写多线程程序的基础知识。使用多线程可以提高程序的运行效率，但是同时多线程会消耗 CPU 时间来切换线程，所以在编写多线程程序时需要在线程数上进行控制以取得最好的运行效率。多线程的编程是比较复杂的，只要掌握其基本操作方法，就可以编写出高效的应用程序。下一章将介绍动态链接库文件的编写知识。

18.5　习题

1. 编写一个程序，使子线程循环 10 次，接着主线程循环 100 次，接着又回到子线程循环 10 次，回到主线程又循环 100 次，如此循环 50 次。

2. 编写一个程序，开启 3 个线程，这 3 个线程的 ID 分别为 A、B、C，每个线程都将自己的 ID 在屏幕上输出 10 遍，要求输出结果必须按 ABC 的顺序显示。例如，ABC、ABC…依此类推。

第19章

C++链接库

    C++链接库（link library）有静态链接库（static link library）和动态链接库（dynamic link library）两种，它们都是共享代码的方式。在一些大规模程序中，经常会用到这两种库。利用链接库可以提高代码的共享程度和封装程度，从而使程序更加精简和灵活。本章的内容包括：

- 静态链接库的基本概念。
- 静态链接库的编写和使用。
- 动态链接库的基本概念。
- 动态链接库的编写和使用。

    通过对本章的学习，读者能够了解链接库的基础知识，并能够编写简单的静态、动态链接库。

扫一扫，看视频

19.1　链接库概述

　　分模块开发在当前的软件开发中非常普遍，这就要求开发语言有分别编译和模块整合编译的能力，而大部分高级语言都支持这种编译。软件开发组可以将软件分为若干个模块分别交给各个小组开发，然后将这些模块通过链接整合而形成一个整体。

　　在 C++中，可以独立编译的单元主要有 OBJ 文件（目标文件）、静态链接的函数库文件（一般称为 LIB 文件）、动态链接的函数库文件（一般称为 DLL 文件）。

　　静态链接库文件的后缀名为.lib，文件中封装着被共享的函数代码和数据。当程序在链接时，会将所用到的 LIB 文件中的代码和数据直接包含在生成的可执行文件中。也就是说，当程序生成可执行文件后，程序运行时就不需要 LIB 文件了。但是使用 LIB 的缺点是可能导致可执行文件过大。当主程序中需要多次调用 LIB 文件中的函数（特别是相同的函数调用多次）时，链接程序会多次将库函数链接到可执行文件中，如图 19.1 所示。这样会使可执行文件增大，在运行时浪费系统内存空间。此时，使用动态链接库可以避免此问题。

　　动态链接库文件的后缀名一般为.dll，也有的是.fon、.ocx、.drv、.sys 等（根据内容和功能而命名不同）。文件中封装着被动态共享的函数代码和数据。它与 LIB 文件不同，在程序链接时，链接程序不会把 DLL 文件中的函数链接到可执行文件中，而是在程序运行期间动态加载 DLL 文件中的函数（根据调用需要来加载），所以在程序运行时需要 DLL 文件的支持（见图 19.2）。利用 DLL 文件可以减小可执行文件的尺寸，但是在速度上却比使用 LIB 文件慢，因为程序运行时加载 DLL 文件中的代码需要消耗一定的时间。

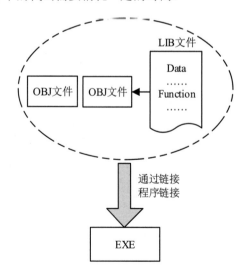

图 19.1　Visual Studio 2022 利用 LIB 文件的链接过程

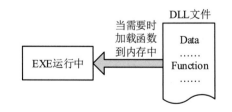

图 19.2　EXE 在运行期间调用 DLL 文件的资源

利用 C++编写的链接库文件不仅能供 C++程序调用，也能供其他编程语言调用。这样就实现了语言间的代码共享。

19.2　静态链接库

静态链接库（LIB）在开发中也比较常用。特别是一些第三方软件提供者在提供自己的开发包时经常使用，这样的优点是不必公开自己的代码，而用户又可以使用。

19.2.1　静态链接库的编写

静态链接库编写的主要目的是作为共享库供调用。目前大部分 C++集成开发环境都能非常方便地支持静态链接库的编写。下面讲解用 Visual Studio 2022 建立静态链接库的过程。

【示例 19-1】利用 Visual Studio 2022 建立一个静态链接库文件。

（1）新建工程。打开 Visual Studio 2022 集成开发环境，建立一个 MFC 静态库工程，项目名为"StaticLib"，单击"下一步"按钮，如图 19.3 所示。

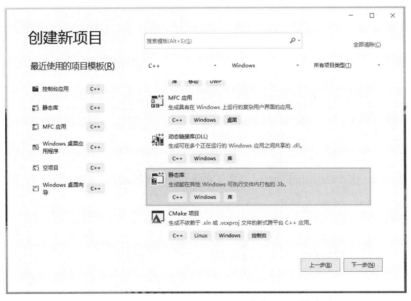

图 19.3　利用 Visual Studio 2022 建立 MFC 静态库

（2）输入工程属性完成工程建立。输入项目名称，设置项目的存储路径，单击"创建"按钮生成工程，如图 19.4 所示。

（3）新建类。工程建立后，会自动生成 framework.h、pch.h、pch.cpp、StaticLib.cpp。执行"源文件"→"添加"→"类"命令，新建一个类 CCalculate，对应生成文件 Calculate.h 和 Calculate.cpp。

图 19.4　输入 MFC 静态库工程相关属性

（4）追加代码。编辑 Calculate.h，在类 CCalculate 中增加成员函数。

```
#pragma once

class CCalculate
{
public:
    CCalculate();
    virtual ~CCalculate();
    int add(const int&,const int&);          //数字相加
    int minus(const int&,const int&);        //数字相减
};
```

（5）追加代码。编辑 Calculate.cpp，在类 CCalculate 增加成员函数。

```
#include "pch.h"
#include "Calculate.h"

CCalculate::CCalculate(){}
CCalculate::~CCalculate(){}

int CCalculate::add(const int& a, const int& b)       //数字相加实现
{
    return a+b;
}
int CCalculate::minus(const int& a, const int& b)     //数字相减实现
{
    return a-b;
}
```

（6）编译程序，如果没有出错，就会在工程目录下生成 LIB 文件，如图 19.5 所示。

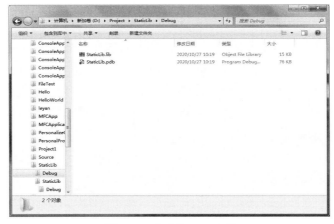

图 19.5　生成的 LIB 文件

　　至此，一个功能比较简单的.lib 文件就开发完成了。复杂的.lib 文件开发与此类似，只不过其中的函数或者类较为复杂。

19.2.2　静态链接库的使用

　　使用静态链接库时，应该获得编译成功生成的 LIB 文件；其次需要与此 LIB 文件相关的头文件。例如，19.2.1 小节中生成的 StaticLib 库，如果要使用它，就需要 Calculate.h 和 StaticLib.lib。当准备好了这两个文件后，就需要将其引入工程中。

扫一扫，看视频

　　【示例 19-2】使用静态链接库文件。

　　（1）新建工程，建立一个"控制台应用"工程，工程名为"LibUse"。

　　（2）将 Calculate.h 复制到工程目录下，如图 19.6 所示。将 Calculate.h 加入工程中，选择"头文件"→"添加"→"现有项"命令，选中 Calculate.h，将其加入工程中，如图 19.7 所示。

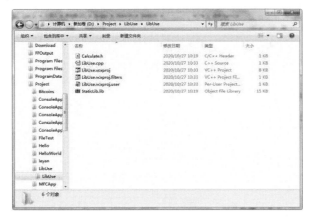

图 19.6　在工程目录中加入 Calculate.h 和 StaticLib.lib

图 19.7　在工程中加入 Calculate.h

（3）将 StaLib.lib 复制到工程目录下并加入工程。将 StaLib.lib 加入工程有两种方法，分别如下。

● 通过右键菜单中的"添加"→"现有项"命令将 LIB 文件加入工程，如图 19.8 所示。

● 通过右键菜单中的"属性"→"配置属性"→"链接器"→"常规"→附加库目录"命令，如图 19.9 所示，选择【编辑】选项，打开"附加库目录"对话框，选择 LIB 库所在的目录，如图 19.10 所示。再选择"属性"→"配置属性"→链接器"→"输入"→"附加依赖项"选项，选择"编辑"选项，输入要添加的依赖项名称 StaticLib.lib，如图 19.11 所示。

图 19.8　在工程中加入 LIB 文件

图 19.9　在工程 LIB 查找路径中加入 LIB 文件所在目录

图 19.10　添加 LIB 文件所在目录

图 19.11　添加依赖项 StaticLib.lib

第一种方法简单、可靠，推荐使用。

（4）编辑 LibUse.cpp，代码如下：

```cpp
#include <iostream>
#include "Calculate.h"                            //库文件对应的头文件
using namespace std;

int main()
{
    CCalculate c;                                 //定义类对象
    int a(4),b(3);

    cout<<"a+b="<<c.add(a,b)<<endl;               //进行加法计算
```

```
    cout<<"a-b="<<c.minus(a,b)<<endl;                    //进行减法计算
}
```

（5）编译运行程序，运行结果如下：

```
a+b=7
a-b=1
```

在本程序中，使用了静态库中的 CCalculate 类并用其进行加法和减法运算。如果不加入 LIB 文件，本程序在编译时是可以通过的。但是在程序链接时会失败，原因是未找到类和函数实现代码。当可执行文件生成后便可以脱离 LIB 文件运行，可见 LIB 文件中的代码已经生成到可执行文件中。

19.3　动态链接库

动态链接库（DLL）存储着共享的类、函数等资源，供程序在运行时根据需要动态加载。DLL 文件与可执行文件是独立开来的。只要 DLL 的输出接口不变，更新 DLL 文件不会对可执行文件造成任何影响，因而极大地提高了程序的可维护性和可扩展性。DLL 文件被调用时，其导出资源在内存中只会有一份副本，所以更加节省内存。DLL 可以被其他编程语言调用，所以可以实现多语言代码共享。

19.3.1　DLL 文件的编写

下面讲解用 Visual Studio 2022 建立 DLL 的过程。

【示例 19-3】利用 Visual Studio 2022 建立一个动态链接库文件。

（1）新建工程，建立一个"动态链接库（DLL）"工程，项目名称为"MyDLL"，如图 19.12 所示。

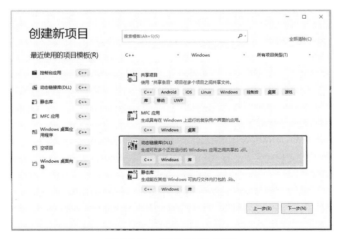

图 19.12　建立 DLL 工程

（2）设置工程属性，包括项目名称、位置等，完成工程建立，如图 19.13 所示。

图 19.13　设置 DLL 工程属性

（3）在工程中新建头文件 Common.h 和实现文件 Common.cpp，代码如下：

```cpp
//Common.h：声明方法 add 和 minus
#pragma once

int add(int&,int&);
int minus(int&,int&);
//Common.cpp：实现方法 add 和 minus
#include "pch.h"
#include "Common.h"

int add(int& a,int& b)
{
    return a+b;
}

int minus(int& a,int& b)
{
    return a-b;
}
```

（4）在工程中新增类 CCalculate，相关代码如下：

```cpp
// Calculate.h：类 CCalculate 声明
#pragma once

class CCalculate
{
public:
```

```
        CCalculate();
        virtual ~CCalculate();
        int add(const int&,const int&);                    //数字相加
        int minus(const int&,const int&);                  //数字相减
};
// Calculate.cpp: 类 CCalculate 定义
#include "pch.h"
#include "Calculate.h"


CCalculate::CCalculate(){}
CCalculate::~CCalculate(){}

int CCalculate::add(const int& a, const int& b)           //数字相加实现
{
        return a+b;
}
int CCalculate::minus(const int& a, const int& b)         //数字相减实现
{
        return a-b;
}
```

（5）编译工程，如果没有编译错误，工程会输出一个 DLL 文件，如图 19.14 所示。

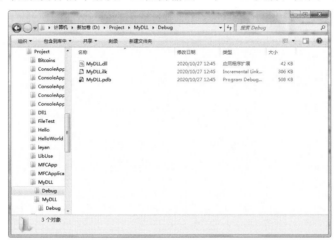

图 19.14　生成的 DLL 文件

至此，在生成的文件 MyDLL.dll 中封装了两个函数和一个类。两个函数是 add() 和 minus()，一个类是 CCalculate。

19.3.2　导出 DLL 资源

前面编写的 MyDLL.dll 文件中封装了函数和类，那么如何在程序中调用这些函数和类呢？在回答这个问题前，首先需要了解 DLL 的内部函数和导出函数的概念。

DLL 文件中定义了两种函数（或类等），分别是导出函数（export function）和内部函数（internal function）。内部函数是供给 DLL 文件内部的函数使用的，不能被公开，即在 DLL 外部是无法使用的（可对比类中私有函数的访问权限）。导出函数则是可以在 DLL 外部被调用的，即公开函数。

由上可见，如果需要在外部调用 DLL 中的函数或者类，需要将调用的函数或类导出。导出时需要提供函数的名称和接口等信息。

导出 DLL 资源的主要方法有两种：使用 DEF 文件和使用关键字 __declspec(dllexport)。

1. 使用 DEF 文件导出 DLL 函数

DEF 是模块定义文件，是用于描述 DLL 属性的文本文件，其后缀名一般是.def。其中有一定的语法规则，常用的语句和功能如下。

- NAME 语句：指定生成的 DLL 的名称。
- LIBRARY 语句：通知链接器创建 DLL，是必要的语句。
- EXPORTS 语句：指定被导出函数的名称和接口信息等。
- DESCRIPTION 语句：描述信息。
- STACKSIZE 语句：设置堆栈的大小。
- SECTIONS 语句：设置块属性。
- VERSION 语句：设置 DLL 的版本号。
- 注释语句：以分号开头的语句，注释信息。

【示例 19-4】简单的 DEF 文件，其内容如下：

```
LIBRARY <DLL 文件名>
DESCRIPTION "用途描述"
EXPORTS
    …;被导出函数列表
funcionA @1
funcionB @2
```

上面例子中的 funcionA、funcionB 就是需要导出的函数，@1 和@2 则是导出序号，序号可以递增，只要不重复即可。

一般地，非 MFC 的 DLL 文件导出的都是纯 C 函数，所以不涉及函数名重载的问题。在 Visual Studio 2022 下需要将 DLL 中的函数以 C 编译方式进行编译，因此对示例 19-3 中的函数需要进行如下改造。

```
//Common.h：声明方法 add 和 minus
#pragma once

Extern "C" int add(const int&,const int&);
extern "C" int minuss(const int&,const int&);
//Common.cpp：实现方法 add 和 minus
#include "pch.h"
#include "Common.h"
```

```
extern "C" int add(int& a,int& b)
{
    return a+b;
}

extern "C" int minus(int& a,int& b)
{
    return a-b;
};
```

上面的函数前加上了 extern "C"可通知编译器以 C 编译方式对函数进行编译。

然后就可以建立 DEF 文件，内容如下：

```
LIBRARY MyDLL
EXPORTS
add @1
minus @2
```

编译工程后，在工程目录（Debug 或者 Release 目录下，取决于工程的输出版本）中会生成相应的 DLL 和 LIB 文件，如图 19.15 所示。

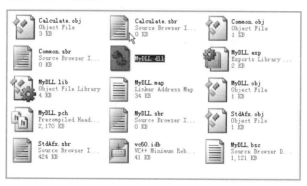

图 19.15　建立 DLL 文件

利用 DEF 文件导出类的方法比导出函数相对复杂，在此不作讲解，有兴趣的读者可以查阅相关资料。

2. 使用关键字__declspec(dllexport)导出 DLL 函数和类

如果不用 DEF 文件来导出函数，最有效、也是最常用的就是使用关键字__declspec(dllexport)来从 DLL 中导出函数或类。其导出格式如下：

```
__declspec(dllexport) 类型标识符 函数名(类型标识符);
```

例如，"__declspec(dllexport) int Fuc1(void);"即定义了一个导出函数，说明这是一个外部函数。

【示例 19-5】改造示例 19-3 中的代码，使用__declspec(dllexport)导出函数和类。代码如下：

```
//Common.h：声明方法 add 和 minus
```

```
#define EXPORT_C extern "C" __declspec(dllexport)
EXPORT_C int add(const int&,const int&);
EXPORT_C int minus(const int&,const int&);
//Calculate.h: 类 CCalculate 的定义和实现
#define EXPORT_CPP __declspec(dllexport)

class EXPORT_CPP CCalculate
{
public:
    CCalculate();
    virtual ~CCalculate();
    int add(const int&,const int&);                    //数字相加
    int minus(const int&,const int&);                  //数字相减

};
```

如果使用了__declspec(dllexport)来导出资源，则不再需要 DEF 文件。利用 DEF 文件导出函数的一个优点是将来可以按序号查找该函数，比一般的按名称查找更高效；而用__declspec(dllexport)来导出函数则显得比较方便。

19.4   动态链接库的使用

前面学习了如何编写 DLL，本节将学习动态链接库的使用方法。动态链接库封装了一些可以被共享的函数和资源，不能单独执行，必须与用户应用程序链接才能使用。链接 DLL 到应用程序主要有隐式链接和显式链接两种方式。

19.4.1   隐式链接

在编译 DLL 文件时，会默认生成其对应的.lib 文件，这个文件可以在程序链接时使用。使用 DLL 的程序要先链接到编译 DLL 时生成的导入库.lib 文件，在执行这个应用程序时，系统也装载了它所需要的 DLL。这种方式在应用程序退出之前，DLL 一直存在于该程序运行的地址空间。

要使用隐式链接，在编译和链接应用程序时需要提供如下资源。

● DLL 的导出函数和类声明的头文件（.h），在程序中需要函数名和函数接口信息。

● DLL 相关的库文件（.lib），程序编译链接时需要。

● 动态链接库文件（.dll），程序运行时需要。

【示例 19-6】用隐式链接方式使用示例 19-3 所编写的 DLL 文件。操作步骤如下：

（1）新建工程，建立一个"控制台应用"工程，项目名为"DllUse"。程序主文件为 DllUse.cpp。

（2）将 Common.h 和 Calculate.h 文件复制到工程目录下并加入工程。

（3）将 MyDLL.lib 和 MyDLL.dll 文件复制到工程目录下并加入工程。

（4）编辑 DllUse.cpp，代码如下：

```cpp
#include <iostream>
#include "Common.h"
#include "Calculate.h"
using namespace std;

int main()
{
    int a(8),b(5);
    cout<<"a+b="<<add(a,b)<<endl;              //使用 DLL 中的函数
    cout<<"a-b="<<minus(a,b)<<endl;            //使用 DLL 中的函数

    CCalculate c;                              //使用 DLL 中的 CCalculate 类
    cout<<"a+b="<<c.add(8,5)<<endl;            //调用 CCalculate 类成员函数
    cout<<"a-b="<<c.minus(8,5)<<endl;          //调用 CCalculate 类成员函数
}
```

（5）编译运行程序，运行结果如下：

```
a+b=13
a-b=3
a+b=13
a-b=3
```

通过这个例子，读者可以掌握隐式使用 DLL 文件的方法。需要注意的是，一般 DLL 导出的函数都是以 C 编译方式导出的，而类则以 C++编译方式导出。

19.4.2 显式链接

显示链接是指应用程序在运行时通过函数调用来显式地加载和卸载 DLL，通过指向函数的指针来调用 DLL 中的导出函数。显式链接的一般操作步骤如下。

（1）应用程序调用 LoadLibrary()函数或 LoadLibraryEx()函数以在运行时加载 DLL，并获得 DLL 句柄。LoadLibrary()函数原型如下：

```cpp
HMODULE LoadLibrary(LPCTSTR lpFileName);
```

其中，lpFileName 为.dll 的文件名（可以是相对路径或全路径），返回模块的句柄。

（2）成功加载 DLL 后，首先使用 GetProcAddress()函数获得要调用的 DLL 导出函数的指针，然后使用函数指针来调用导出函数。

GetProcAddress()函数原型如下：

```cpp
FARPROC GetProcAddress(HMODULE hModule,LPCSTR lpProcName);
```

其中，hModule 为模块的句柄，lpProcName 为 DLL 中的导出函数名。

（3）在使用完后，使用 FreeLibrary()函数或者 AfxFreeLibrary()函数来释放 DLL。

FreeLibrary()函数原型如下：

```
BOOL FreeLibrary(HMODULE hModule);
```

其中，hModule 为模块的句柄。

在使用运行时动态链接时，无须使用导入库.lib 文件。但是必须非常清楚导出函数的接口信息，在运行时要提供相关的.dll 文件。

【示例 19-7】用显式链接方式使用示例 19-3 所编写的 DLL 文件。操作步骤如下：

（1）新建工程，建立一个"控制台应用"工程，项目名为"DllUse"。程序主文件为 DllUse.cpp，iostream 为预编译头文件。

（2）将 MyDLL.dll 文件复制到工程目录下并加入工程。

（3）编辑 DllUse.cpp，代码如下：

```
#include <iostream>
#include <windows.h>
using namespace std;
typedef int(*lpFun)(int&, int&);                    //定义函数指针类型

int main()
{
    HINSTANCE hDll = NULL;                          //DLL 句柄
    lpFun add;                                      //函数指针变量
    lpFun minus;                                    //函数指针变量
    int a(8),b(5);
    hDll = LoadLibrary("MyDLL.dll");                //获得 DLL 句柄
    if (hDll != NULL)
    {
        add = (lpFun)GetProcAddress(hDll, "add");
        if (add != NULL)
        {
            cout<<"a+b="<<add(a,b)<<endl;
        }
        minus = (lpFun)GetProcAddress(hDll, "minus");
        if (minus != NULL)
        {
            cout<<"a-b="<<minus(a,b)<<endl;
        }
        FreeLibrary(hDll);
    }
}
```

（4）编译运行程序，运行结果如下：

```
a+b=13
```

上例中的代码"hDll = LoadLibrary("MyDLL.dll");"表示将动态链接库加载到内存中，同时取得

动态链接库的句柄。获得 DLL 路径时，可以传入绝对路径和相对路径。在默认情况下，以下目录都是查找 DLL 的路径。

- 应用程序当前目录及子目录。
- Windows\System32 子目录。
- Windows 子目录。
- 环境变量 PATH 中的目录。

代码"add = (lpFun)GetProcAddress(hDll, "add")"表示使用 GetProcAddress()函数取得动态链接库中 add()函数的地址，然后将其赋予 add 这个函数指针，最后 add(a, b)通过指向函数的指针来调用函数。

◁)))注意：

不管采用哪种方式调用 DLL 文件，在程序运行期间都需要 DLL 文件的存在和参与。如果丢失 DLL 文件，则程序就会无法正常运行。

19.5　小结

本章主要介绍了链接库编写的基本知识。链接库是 Windows 中一种极其重要的技术。它使得开发人员可以通过编写静态和动态链接库，方便、灵活地实现大型程序的开发。另外，链接库也是发布第三方支持库的方法，如很多软件开发商都会通过提供链接库来发布自己的开发库。下一章将学习算法的基础知识。

19.6　习题

1. 简述静态库与动态库的区别。
2. 简述静态库与动态库的使用流程。

第4篇
编程开发

第 *20* 章

基本算法

　　一般而言，程序是算法（algorithm）与数据结构的结合体。数据结构是数据的组织结构，算法是解决问题的方式和思路。数据结构是算法的基础和操作对象。在利用程序解决实际问题时，需要利用一些算法。本章的内容包括：

● 　算法的概念、特征、设计与衡量。

● 　常用算法。

　　通过对本章的学习，读者可以了解算法的概念并掌握一些常用的算法。

20.1 算法的概念、特征、设计与衡量

算法的概念很广，解决任何问题都需要明确的思路和步骤，如求方程的根、求平均值等都是算法。对于计算机，算法特指利用计算机来解决问题的思路和步骤。

扫一扫，看视频

20.1.1 算法的概念

算法是在有限步骤内解决某一个问题的明确思路。从过程上来看，就是对于按照一定规则的输入，程序能在有限的时间内输出所要求的结果。例如，在计算一个方程的根时，程序就需要按照一定的方法在一定的时间内计算出结果。这个计算方法就是解方程的算法。

扫一扫，看视频

20.1.2 算法的特征

计算机上的算法与广义的算法有所区别，并不是每种广义上的算法都能被称为计算机中的算法。计算机中的算法有一定的特征，只有满足这些特征才能被称为算法。算法的主要特征有以下几个。

- 有穷性。算法必须在有限的步骤后完成，无穷性的算法是无效的。
- 确切性。算法的每一步必须有确切的定义。
- 输入。一个算法可能有 0 个或者多个输入参数，这些参数决定算法的初始条件。
- 输出。一个算法必须有一个或者多个输出，这些输出反映算法的结果，即对输入数据的加工结果。
- 可行性。算法需要能够实现，且算法能够精确运行并计算出结果。

扫一扫，看视频

20.1.3 算法的设计要求和描述方法

算法的设计要求包括如下几个方面。

- 正确性。首先，算法程序不能有语法上的错；其次，程序对于一切合法的输入数据都能正确地运算并输出正确的结果；再次，算法需要有一定的容错处理，对于一些刁难性的数据也能输出正常的结果。
- 可读性。算法的可读性要强，否则阅读和理解起来非常费力费时，不利于调试和修改。
- 高效率与低存储量。算法的效率要高，所占用的存储空间应尽量小。效率决定算法运行时间，而时间和空间是相对矛盾的，在实际算法中，一般需要追求一个时间和空间的折中方式。

对算法的描述一般有以下几种方式。

- 自然语言。用人类自然的语言去描述，优点是通俗易懂。
- 流程图。以图形的方式把算法的流程描述出来，优点是结构清楚。

- 伪代码。通过程序设计语言的三大基本结构和自然语言结合将算法描述出来，优点是既接近代码风格，又通俗易懂。
- 类语。用类似高级语言的描述方式进行描述，如类 C 语言、类 Pascal 语言等。优点是更接近代码风格，有时可以直接翻译成编程语言。

20.1.4 算法的衡量

对于同一个问题，不同的人理解不同。算法也是如此，对于同一个问题，使用不同的算法（如解一元二次方程就有不同的方法）时，可能在时间、空间或效率上都是不同的。那么如何去衡量一个算法的优劣呢？这里需要引入两个概念——空间复杂度与时间复杂度，它们是衡量算法优劣的标准。

算法时间复杂度是指完成算法过程所需要消耗的时间资源。用数学模型来描述时，首先将算法处理的问题规模抽象为一个变量 n，然后建立算法复杂度模型 $f(n)$。通过 $f(n)$ 的值可以观察出所消耗时间与 n 的变化关系。时间复杂度一般用 O（数量级）来表示，称为阶。常见的时间复杂度有以下几个。

- $O(1)$ 常数阶。表示复杂度与问题规模无关，一直恒定。
- $O(\log 2n)$ 对数阶。表示复杂度与问题规模的对数成正比。
- $O(n)$ 线性阶。表示复杂度与问题规模成正比。
- $O(n^2)$ 平方阶。表示复杂度与问题规模的平方成正比。

算法的空间复杂度是指完成算法过程需要消耗的空间资源。其表示方法和计算方法与时间复杂度类似。

20.2 常用算法

随着程序设计方法的不断发展，人们总结出了一些实用的算法。利用这些算法，可以有效地解决许多问题。同时这些常用的算法也成为一些复杂算法的基础。

20.2.1 递推法

递推法是利用所要解决问题本身具有的一种递推关系来进行求解的一种方法。例如，$f(n) = f(n-1) + f(n-2)$，已知 $f(0) = 1$ 和 $f(1) = 1$，求解 $f(5)$。

对于这个问题，其本身就有递推关系，递推关系为 $f(n) = f(n-1) + f(n-2)$，而问题又明确了 $f(0)$ 和 $f(1)$ 的值。则根据这些条件可以计算出：

```
f(0)=1;
f(1)=1;
f(2)=2;
f(3)=3;
```

```
f(4)=5;
f(5)=8;
```

类似这类问题，可以抽象如下：设所求的解为问题规模为 N 的值。

当 $N=0$ 或 1 时，问题的解为已知（或很容易求得）；根据问题可以递推的特性，可以顺次得到规模为 $1,2,\ldots,N-1$ 的一系列解，从而得出规模为 N 的解。

【示例 20-1】编写程序，对给定的 n(n≤10)，计算并输出 k 的阶乘 $k!(k=1,2,\cdots,n)$ 的全部有效数字。代码如下：

```
#include <iostream>
using namespace std;

long get_factorial(int n)
{
    if (n==1) return 1;
    else return get_factorial(n-1)*n;                   //递推
}
int main()
{
    int n;
    cin>>n;
    if(n>10 || n<0) exit(1);
    cout<<get_factorial(n)<<endl;
}
```

程序运行结果如下：

```
9
362880
```

扫一扫，看视频

20.2.2　递归法

递归与递推有一些类似之处。能利用递归方法解决的问题有如下一般特征：问题为求规模为 N 的解，将它分解成规模较小的问题，然后得出规模较小问题的解；根据这些小问题的解构造出大问题的解。特别地，当规模 $N=0$ 或 1 时，能直接得到解。

【示例 20-2】编写计算斐波那契（Fibonacci）数列的第 n 项函数 fib(n)。代码如下：

```
#include <iostream>
using namespace std;

long fib(int n)                                       //定义递归函数
{
    if (n==0) return 0;
    if (n==1) return 1;
    if (n>1) return fib(n-1)+fib(n-2);
```

```
    }

int main()
{
    int n;
    cin>>n;

    cout<<fib(n)<<endl;                                    //调用递归函数
}
```

程序运行结果如下:

```
10
55
```

递归算法的执行过程分递推和回归两个阶段。

在递推阶段，主要任务是把复杂的大问题分解为相对较小的问题。例如，本例中把 fib(n)分解为 fib(n-1)和 fib(n-2)，然后继续往下分解，fib(n-2)又可分解为 fib(n-3)和 fib(n-4)……直到遇到 fib(1)和 fib(0)得到具体的解。

在回归阶段，程序是从 fib(1)和 fib(0)开始逐层返回的，逐层得到 fib(2)、fib(3)……的值，最后得到 fib(n)的值。

在使用递归算法时，必须要有可以终止递归的情况，如本例中的 f(0)和 f(1)即终止条件，否则递归永远无法结束。

20.2.3 回溯法

回溯法其实是一种试探法，就是试探着按照某一个点去求解问题，如果此点不成功，则返回重新寻找第二个点进行求解，直到得到解或者得出无解的结果（尝试完所有点）。这种方法需要首先放弃问题规模大小的限制，然后将解按照一定的顺序枚举并进行验证。其具体的步骤如下。

（1）选定一个问题的可能解进行验证。

（2）当发现当前解不能满足条件时，就选择下一个候选解进行验证。

（3）如果当前解满足问题的一部分要求，则扩大当前解的规模继续验证。

（4）如果当前解满足问题的所有要求，则该解就是问题的一个解。

（5）如果问题所有可能解被全部验证后依然找不到合适的解，则问题无解。

在回溯法中，放弃一个不满足条件的解，寻找下一个解的过程称为回溯。

【示例 20-3】经典填字游戏：在 3×3 个方格的方阵中要填入数字 1 到 $N(N \geq 10)$ 内的某 9 个数字，每个方格填一个整数，所有相邻两个方格内的两个整数之和为质数。试求出所有满足这个要求的各种数字填法。

思路和分析：本问题可以用回溯法填求解。从第一个方格开始，将当前方格填入合适的整数，然后尝试填写下一个方格。如果当前方格入的数字无法满足条件，则退回前一个方格，调整前一个方格的数字继续尝试。当将所有方格填入合适的数字后，就寻找到了一个解。

下面用伪代码来描述这个问题的解法。

```
int m=0,ok=1;
int nSize=8;
do{
    if (ok)
    {
        if (m== nSize)
        {
            输出一个解;
            调整寻找下一个解;
        }
        else
            扩展继续寻找合适的解;
    }
    else 调整继续寻找合适的解;
        ok=检查前 m 个整数填放的合理性;
}while (m!=0);
```

扫一扫，看视频

20.2.4 贪婪法

贪婪法是这样一种算法，它不求获得最优解，而只是希望能得到一个较为合适的解。利用贪婪法可以快速得到一个比较合适的解，而不是把时间用在寻找所有解或最优解上。一般情况下，贪婪法以当前的情况作为一个最优的基础，而不是考虑各种其他情况，这样在运用贪婪法的过程中不需要进行回溯。

【示例 20-4】装箱问题：设有编号为 0、1、…、$n-1$ 的 n 种物品，体积分别为 v_0、v_1、…、v_{n-1}。要求将这 n 种物品装到容量都为 V 的若干箱子里。约定这 n 种物品的体积均不超过 V，即对于 $0 \leqslant i < n$，有 $0 < v_i \leqslant V$。不同的装箱方案所需要的箱子数量可能不同。装箱问题要求使装完这 n 种物品的箱子数要少。

思路和分析：本题中并未要求使用的箱子数最少，并没有要求获得最优化解，所以可以使用贪婪法来解决此问题。在实际操作中，依次将物品放到它第一个尝试能装下的箱子中，然后得出结果。这样可能得到的不是最优解，却是比较合理的解。对于这 n 种物品，可以先按照其体积从大到小进行排序，然后进行算法运算。

下面用伪代码来描述这个问题的解法。

```
输入箱子的容积 V;
输入物品种数 n;
输入各物品的体积;
将物品按体积从大到小排序;
预置已用箱子链为空;
预置已用箱子计数器 count 为 0;
for (i=0;i<n;i++){
    从已用的第一只箱子开始顺序寻找能放入物品 i 的箱子 j;
```

```
if(已用箱子都不能再放物品 i)
{
        另用一个箱子，并将物品 i 放入该箱子;
        count++;
}
else
        将物品 i 放入箱子 j;
}
输出 count 值;
```

当程序结束后，count 值即装箱所要的箱子数。

20.2.5　分治法

对问题求解所用的时间与问题的规模 N 有关。问题的规模越小，求解越简单，所需要的时间越短；反之，规模越大，求解可能就越复杂，所需要的时间也越长。对于一个大的问题，我们可以先将其分为一些比较小的相同问题，然后逐个分析解决，这就是分治法。

对于一个规模为 N 的问题，如果 N 比较小，则可以直接求得问题的解；如果 N 比较大，则可以先将其分解为 m 个规模较小的子问题，这些子问题相互独立且与原问题形式相同，然后对这些子问题进行递归求解，最后将这些子问题和解合并后求得原问题的解。

能使用分治法解决的问题一般具备以下几个特征。

● 问题的规模分解后或缩小到一定的规模就可以容易地求得解。

● 问题可以分解为若干个规模较小的相同问题，即该问题具有最优子结构性质（问题的最优解所包含子问题的解也是最优的）。这是使用分治法的前提，这样可以使用递归法进行求解。

● 将子问题的解合并后可以得到该问题的解。这是决定是否能使用分治法的关键，如果不满足此条件，则可能需要考虑使用贪心法或动态规划法。

● 由问题所分解出的各个子问题必须是相互独立的，子问题之间不能包含公共的次一级子问题。这主要是从算法的效率上来考虑的，如果子问题不独立，算法可能需要用大量时间重复处理公共子问题，这样利用分治法就不适合了。

【示例 20-5】大整数乘法：计算两个大整数相乘的结果。

思路和分析：在某些情况下，特别是科学计算时要处理很大的整数，这些整数无法用计算机硬件直接表示和处理（超出计算机整数表示范围）。对于计算机来说，所有的数字都用二进制来表示。设大整数 X 和 Y 都是 n 位二进制整数，现在要计算它

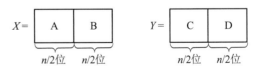

图 20.1　大整数的分解

们的乘积 XY。由于 X 和 Y 是大整数，计算机不能直接进行计算。将 n 位二进制整数 X 和 Y 各分为 2 段，每段的长为 n/2 位（为方便理解，假设 n 是 2 的幂），如图 20.1 所示。

由此可得到：

$$X = A2^{n/2} + B$$
$$Y = C2^{n/2} + D$$

这样乘积的结果演化为：

$$XY = (A2^{n/2} + B)(C2^{n/2} + D) = AC2^n + [(A-B)(D-C) + AC + BD]2^{n/2} + BD$$

从上面推导出的等式可以看出，计算 XY 需要做 3 次 $n/2$ 位整数的乘法[AC、BD 和(A-B)(D-C)]，6 次加减法和 2 次移位。其中，乘法运行可以继续分解，然后利用递归方法将结果算出。在此限于篇幅不提供代码，请有兴趣的读者自行分析。

扫一扫，看视频

20.2.6 动态规划法

有时一个复杂的问题不能简单地分解成几个子问题，而是会分解出一系列子问题。动态规划是一种将问题分解为更小且相似的子问题，并存储子问题解来避免计算重复的问题，以解决最优化问题的算法策略。动态规划的实质是分治思想和解决冗余的一种算法。

一个标准的动态规划算法通常有如下几个步骤。

（1）阶段划分：根据问题的时间或空间特征，把问题的解决步骤分为若干个阶段。这些阶段一定是要有序（或可以排序）的，这样才能使用动态规划来求解。

（2）状态选择：将问题各个阶段的实时情况用不同的状态表示出来。这些状况的选择需要满足无后效性，即每个阶段状态的最优值只与前面的阶段有关，与后面的阶段无关。

【示例 20-6】给定两个字符序列，求两字符串的最长公共子序列。

思路和分析：本题中，需要求出两个字符序列相同的最长子字符串。字符序列的子序列是指从给定的字符序列中去掉若干个字符后所形成的字符序列。例如，字符序列"CFG"就是字符序列"ABCDEFG"的一个子序列。

设两个字符序列为 X 和 Y，且

$X =$ " X_0, X_1, L, X_{m-1} "

$Y =$ " Y_0, Y_1, L, Y_{n-1} "

设 Z 为 X 和 Y 的最长公共子序列，且

$Z =$ " Z_0, Z_1, L, Z_{k-1} "

对于以上字符序列，可以推导出如下性质。

（1）当 $X_{m-1} = Y_{n-1}$，且当 $Z_{k-1} = X_{m-1} = Y_{n-1}$ 时，" Z_0, Z_1, L, Z_{k-2} "是" X_0, X_1, L, X_{m-2} "和" Y_0, Y_1, L, Y_{n-2} "的一个最长公共子序列。

（2）当 $X_{m-1}! = Y_{n-1}$，且当 $Z_{k-1}! = A_{m-1}$ 时，" Z_0, Z_1, L, Z_{k-1} "是" X_0, X_1, L, X_{m-2} "和" Y_0, Y_1, L, Y_{n-1} "的一个最长公共子序列。

（3）当 $X_{m-1}! = Y_{n-1}$，且当 $Z_{k-1}! = B_{n-1}$ 时，" Z_0, Z_1, L, Z_{k-1} "是" X_0, X_1, L, X_{m-1} "和" Y_0, Y_1, L, Y_{n-2} "的一个最长公共子序列。

通过上面的性质可得，在寻找 X 和 Y 的公共子序列时：

当 $X_{m-1} = Y_{n-1}$ 时，可以进一步解决其子问题，寻找" X_0, X_1, L, X_{m-2} "和" Y_0, Y_1, L, Y_{n-2} "的一个最长公共子序列。

当 $X_{m-1} != Y_{n-1}$ 时，则要解决两个子问题，一是找出" X_0, X_1, L, X_{m-2} "和" Y_0, Y_1, L, Y_{n-1} "的一个最长公共子序列；二是找出" X_0, X_1, L, X_{m-1} "和" Y_0, Y_1, L, Y_{n-2} "的一个最长公共子序列。然后取得两者中较长的序列作为 X 和 Y 的最长公共子序列。

20.2.7　迭代法

扫一扫，看视频

迭代法是一种不断用旧的结论递推得到新的结论直到得到问题的解的方法，常用于方程的求解。利用迭代法求解时，通常有以下三个步骤。

（1）确定迭代变量。迭代变量保存所得到的结论，用其保存的旧结论不断推导出新结论并保存在其中的变量。

（2）建立迭代关系。建立从旧结论递推出新结论的关系或公式。

（3）迭代过程控制。迭代过程是一个不断重复的过程，必须设定其结束条件。

【示例 20-7】利用牛顿迭代法求平方根。

思路和分析：利用牛顿迭代法求平方根的迭代公式为： $X_{k+1} = (X_{k+n} / X_k) / 2$ 。设求平方根的数为 m ，它的平方根为 x ；开始时 $x = m$ ，然后进入迭代循环，不断地令 $x = (x + m / x) / 2$ ，就是令 x 等于 x 和 a / x 的平均值，这样迭代多次左右就可以得到 a 的平方根 x 的近似值。代码如下：

```
double sqrt(double a)
{
    double x;                      //确定迭代变量
    x=a;
    for(int i=1;i<=1000;i++)       //循环 1000 次，这里的 1000 次为设定的结束条件
        x=(x+a/x)/2;               //迭代关系
    return x;
}
```

20.2.8　穷举法

扫一扫，看视频

穷举法是对问题众多可能的解按照一定顺序进行逐一枚举和检验，从而得到符合问题要求的解。穷举法是一种比较耗费时间的方法，但是对于现代计算机的速度来讲，这种方法是可以接受的。

【示例 20-8】将 A 、 B 、 C 、 D 、 E 、 F 这 6 个变量排成如图 20.2 所示的三角形，这 6 个变量分别取[1,6]上的整数，且均不相同，求使三角形 3 条边上的变量之和相等的全部解。

思路和分析：在程序中设置 6 个变量，然后将 6 个变量

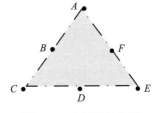

图 20.2　大整数的分解

分别取 1 到 6 中互不相等的整数，然后求得它们组成的三角形 3 条边上的变量之和是否相等即可，最后将所有满足条件的解输出。

```cpp
#include <iostream>
#include <iomanip>
using namespace std;

int main()
{
    int a, b, c, d, e, f;
    for (a = 1; a <= 6; a++)
    {
        for (b = 1; b <= 6; b++)
        {
            if (b == a)
                continue;
            for (c = 1; c <= 6; c++)
            {
                if ((c == a) || (c == b))
                    continue;
                for (d = 1; d <= 6; d++)
                {
                    if ((d == a) || (d == b) || (d == c))
                        continue;
                    for (e = 1; e <= 6; e++)
                    {
                        if ((e == a) || (e == b) || (e == c) || (e == d))
                            continue;
                        f = 21 - (a + b + c + d + e);
                        if ((a + b + c == c + d + e) && (a + b + c == e + f + a))
                        {
                            cout << setw(6) << a << endl;
                            cout << setw(4) << b << setw(4) << f << endl;
                            cout << setw(2) << c << setw(4) << d << setw(4)
<< e << endl;
                            cout << "======================" << endl;
                        }
                    }
                }
            }
        }
    }
}
```

程序运行后的部分结果如下：

```
      1
   4     6
 5    2     3
====================
      1
   5     6
 3    4     2
====================
      1
   6     5
 2    4     3
====================
      1
   6     4
 3    2     5
====================
      2
   3     5
 6    1     4
====================
```

20.3　小结

　　本章主要介绍了程序中算法的概念和常用算法，这些常用算法可以拓展读者的解题思路。读者需要掌握这些基本算法，以便深入学习复杂算法和数据结构。下一章将学习数据结构知识。

20.4　习题

1．设计程序，将一个整数逆序后放入一个数组中（要求递归实现）。
2．设计程序，递归实现回文判断（如 abcdedcba 就是回文）。
3．设计程序，分解成质因数（如 435234=251×17×17×3×2）。

第**21**章

数据结构

　　数据结构是数据的组织结构，它描述的是数据间的逻辑结构和物理结构，以及它们之间的相互关系。数据结构也是算法的基础和操作对象。在本章当中我们会学到常见的一些数据结构的介绍：

- 线性表。
- 链表。
- 栈。
- 队列。
- 图。
- 二叉树。

　　通过对本章的学习，读者可以了解到常见数据结构的概念、特点以及简单使用。

21.1 线性表及其应用

数据结构在计算机中有两种不同的表示方式，即顺序结构和非顺序结构，对应着顺序存储结构和链式存储结构。顺序存储结构就是在存储器中以元素之间的相对位置来表示它们之间的逻辑关系；链式存储结构是指在每个元素中增加一个指针，用于表示元素之间的逻辑关系。

在数据结构中，线性表是由 n 个元素（结点）组成的有限序列，常记作如下格式：

$(a_1, a_2, a_3, …, a_n)$ //n 为顺序表的长度

【示例 21-1】自然数中的个位数。代码如下：

$(0, 1, 2, 3, 4, …, 8, 9)$

由示例 21-1 可以看出，非空线性表具有以下特点。

● 开始结点没有直接前驱结点，只有一个直接后继。
● 结束结点没有直接后继，只有一个直接前驱。
● 其余内部结点有且只有一个直接前驱和一个直接后继。

顺序表把线性表的结点按逻辑顺序依次存放在一组地址连续的存储单元里。若线性表的每个元素占用 1 个存储单元，第一个存储单元的地址为 addr(1)，则第 i 个元素的地址为 addr(i)=addr(1)+(i-1)×1，第 i 个元素和第 i+1 个元素之间的地址关系为 addr(i+1)=addr(i)+1。

数据结构不但定义了数据的逻辑结构，还定义了在这种结构之上的相关操作，定义在顺序表上的典型操作有以下几种。

● 构造。
● 销毁。
● 计算元素个数。
● 返回指定元素的值。
● 插入元素。
● 删除元素。

【示例 21-2】线性表元素的插入和删除。代码如下：

```
Status ListInsert(SqList *L,int i,ElemType e)          //在顺序表中插入元素
{   //初始条件：顺序线性表 L 已存在，1≤i≤ListLength(L)+1
    //操作结果：在 L 中第 i 个位置之前插入新的数据元素 e，L 的长度加 1
    ElemType *newbase,*q,*p;
    if(i<1||i>(*L).length+1) return ERROR;             //i 值不合法
    if((*L).length>=(*L).listsize)                     //当前存储空间已满。增加分配
    {
        newbase=(ElemType *)realloc((*L).elem,((*L).listsize+LISTINCREMENT)*sizeof
(ElemType));
```

```
        if(!newbase)
            exit(OVERFLOW);                           //存储分配失败
        (*L).elem=newbase;                            //新基址
        (*L).listsize+=LISTINCREMENT;                 //增加存储容量
    }
    q=(*L).elem+i-1;                                  //q 为插入位置
    for(p=(*L).elem+(*L).length-1;p>=q;--p)           //插入位置及之后的元素右移
        *(p+1)=*p;
    *q=e;                                             //插入 e
    ++(*L).length;                                    //表长增 1
    return OK;
}
Status ListDelete(SqList *L,int i,ElemType *e)        //在顺序表中删除元素
{   //初始条件：顺序线性表 L 已存在，1≤i≤ListLength(L)
    //操作结果：删除 L 的第 i 个数据元素，并用 e 返回其值，L 的长度减 1
    ElemType *p,*q;
    if(i<1||i>(*L).length)                            //i 值不合法
        return ERROR;
    p=(*L).elem+i-1;                                  //p 为被删除元素的位置
    *e=*p;                                            //被删除元素的值赋予 e
    q=(*L).elem+(*L).length-1;                        //表尾元素的位置
    for(++p;p<=q;++p)                                 //被删除元素之后的元素左移
        *(p-1)=*p;
    (*L).length--;                                    //表长减 1
    return OK;
}
```

本例演示了线性表元素的插入和删除操作，读者可以参考此代码编写一个完整线性表的操作类。

扫一扫，看视频

21.2 链表及其应用

由上节得知，线性表可以使用顺序存储结构，虽然可以随机访问数据，但是其在插入和删除时会产生大量的移动。而若线性表采取链式存储结构，则会避免这个缺点。

链表是用于任意的一组存储单元来存放线性表的结点，这些存储单元可以是连续的，也可以是不连续的，分布在内存中的任意位置上。正是因为这种特性，需要在存储链表每个结点值时存储其直接后继的地址，而这个地址通常是由指针来实现的。由此可以看出，链表的结点是由两个部分构成的，如图 21.1 所示。

图 21.1　链表的结点

其中，数据用于存放结点的值，指针存放用于后继结点的地址，由于开始结点没有直接前驱，需要设置一个 head 指针指向开始结点，而结束结点由于没有后继，指针设为 NULL，如图 21.2 所示。

图 21.2　链表结构示意图

在链表上的操作有以下几种。

● 构造链表。

● 销毁链表。

● 计算元素个数。

● 返回指定链表中元素的值。

● 插入元素。

● 删除元素。

与上节顺序表的插入和删除相比，链表的插入和删除较为方便，在插入和删除元素时只需要修改相应的指针而不需要对该元素后面的元素进行移动，从而减少了时间。

【示例 21-3】在链表中插入和删除元素。代码如下：

```
Status ListInsert(LinkList L,int i,ElemType e)          //在链表中插入元素
{ //在带头结点的单链线性表 L 中第 i 个位置之前插入元素 e
    int j=0;
    LinkList p=L,s;
    while(p&&j<i-1)                                      //寻找第 i-1 个结点
    {
        p=p->next;
        j++;
    }
    if(!p||j>i-1)                                        //i 小于 1 或者大于表长
        return ERROR;
    s=(LinkList)malloc(sizeof(struct LNode));            //生成新结点
    s->data=e;                                           //插入 L 中
    s->next=p->next;
    p->next=s;
    return OK;
}
Status ListDelete(LinkList L,int i,ElemType *e)          //在链表中删除元素
{ //在带头结点的单链线性表 L 中删除第 i 个元素并由 e 返回其值
    int j=0;
    LinkList p=L,q;
    while(p->next&&j<i-1)                                //寻找第 i 个结点并令 p 指向其前驱
    {
        p=p->next;
        j++;
    }
    if(!p->next||j>i-1)                                  //删除位置不合理
        return ERROR;
    q=p->next;                                           //删除并释放结点
```

```
        p->next=q->next;
        *e=q->data;
        free(q);
        return OK;
    }
```

示例 21-3 演示了简单链表元素的插入和删除，读者可以参考此代码编写一个完整链表的操作类。

扫一扫，看视频

21.3　堆栈及其应用

不同于线性表，栈是限制在表的一端进行插入和删除运算的线性表，进行插入和删除的这一端称为栈顶，另一端称为栈底，当表中没有元素时称为空栈。对栈中元素的操作需要遵循"后进先出"的原则（LIFO），因此，每次删除即弹栈时的元素应是栈顶元素，如图 21.3 所示。

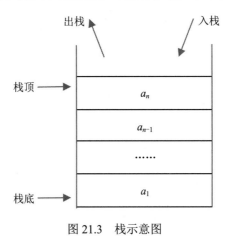

图 21.3　栈示意图

栈是操作受限的线性表，在栈上的操作有以下几种：构造栈、销毁栈、清空栈、计算栈长度、取栈顶元素、元素压栈和元素弹栈。

【示例 21-4】数字的十进制向十六进制的转换。伪代码如下：

```
void conversion()
{
    //对于输入的任意一个非负十进制整数，输出与其等值的十六进制数
    SqStack s;
    unsigned n;                          //非负整数
    SElemType e;
    InitStack(&s);                       //初始化栈
    printf("n(>=0)=");
    scanf("%u",&n);                      //输入非负十进制整数 n
    while(n)                             //当 n 不等于 0 时
    {
```

```
        Push(&s,n%16);                              //入栈 n 除以 16 的余数（十六进制数的低位）
        n=n/16;
    }
    while(!StackEmpty(s))                           //当栈不空时
    {
        Pop(&s,&e);                                 //弹出栈顶元素并赋予 e
        if(e<=9)
                printf("%d",e);
        else
                printf("%c",e+55);
    }
}
```

示例 21-4 演示了对栈元素的入栈和出栈操作。

21.4　队列及其应用

扫一扫，看视频

队列也是一种运算受限的线性表。与栈不同，在表的一端进行插入，而在另一端进行删除。删除的一端称为队头，插入的一端称为队尾。队列的特性很像现实生活中常见的排队，先进入队列的人先离开队列，也就是常说的先进先出（FIFO）。队列的操作需要依据先进先出的原则进行，如图 21.4 所示。

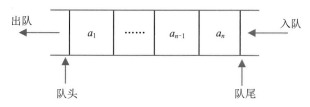

图 21.4　队列示意图

队列上的操作有以下几种：构造队列、销毁队列、清空队列、计算队列长度、取对头元素、元素入队和元素出队。

【示例 21-5】队列元素的入队、出队操作。伪代码如下：

```
Status InsertQueue(LinkQueue &Q,QElemType e)        //入队，插入 e 为 Q 的队尾元素
{
    p=(QueuePtr)malloc(sizeof(QNode));              //申请内存
    if(!p) exit(OVERFLOW);                          //队列溢出
    p->data=e;
    p->next=NULL;
    Q.rear->next=p
    Q.rear=p;
    return OK;
}
```

```
Status Delete(LinkQueue &Q,QElemType &e)        //出队，删除非空队列 Q 的对头元素，用 e 返回其值
{
    if(Q.front==Q.rear) return ERROR;           //无元素，返回
    p=Q.front->next;
    e=p->data;
    Q.front->next=p->next;
    if(Q.rear==p) Q.rear=Q.front;
    free(p);
    return OK;
}
```

示例 21-5 演示了对队列元素的入队和出队操作。

扫一扫，看视频

21.5　特殊矩阵、广义表及其应用

在学习和生活中，许多数据是使用矩阵来表示的。在大多数程序设计语言中，通常使用数组来存储矩阵。而在大多阶数很高的矩阵中存在着很多值相同的元素或者大量的零元素，这时需要对矩阵的存储进行压缩来减少存储空间。

特殊矩阵就是相同元素或者零元素分布有一定规律的矩阵。对称矩阵、三角矩阵都属于特殊矩阵，下面来讨论对称矩阵的压缩。

在一个 n 阶矩阵中，若满足 $a_i = a_{ji}$（$i \geqslant 1$，$j \leqslant n$），则称这个矩阵为对称矩阵。很明显，不必将对称矩阵中的所有元素全部存储，只需要为每一个对称单元分配一个存储单元，那么一个 n 阶矩阵只需要 $n(n+1)/2$ 个存储单元，而非 n^2 个。

设数组 $a[n(n+1)/2]$ 用于存储一个 n 阶对称矩阵，则 a_{ji} 与其在数组中存储位置 K 的对应关系如下：

$$K = \begin{cases} \dfrac{i(i-1)}{2} + j - 1 & i \geqslant j \\ \dfrac{j(j-1)}{2} + i - 1 & i < j \end{cases}$$

对于任意给定的下标 (i, j)，可以唯一确定其在数组中存放的位置；反之，若给出数组中存储位置，则可以推断出其存储元素的下标，如图 21.5 所示。

图 21.5　对称矩阵的存储

广义表又称列表，它是线性表的推广。其形式如下：

```
LS=(a₁, a₂, a₃,…, aₙ)
```

LS 是广义表的表名，a_i 是表的元素，既可以是单个元素也可以是广义表，分别称为 LS 的原子和子表。对于一个非空广义表，a_1 称为表头，其他元素组成的表称为表尾。由表头和表尾的定义可知，任何一个表的表头可以是原子也可以是列表，但表尾一定是列表。

【示例 21-6】广义表举例。

```
A=( )                          //长度为 0
B=（a）
C=(( ))                        //与 A 表不同，A 表为空表，而 C 表长度为 1，元素是一个空表
D=(b,(c,d))
E=(B,D)
F=(e,E)
```

由示例 21-6 可以看出，广义表可以是空表，也可以是元素、表（包含空表），或者两者皆有。同时，表也可以递归定义，例中最后一个表便为一个递归表。

21.6 二叉树及其应用

二叉树是一种特殊的树状结构，如图 21.6 所示，其有以下特点。

● 具有唯一的一个根结点。

● 每个结点至多有两个子树。

● 子树有左右之分，顺序不能颠倒。

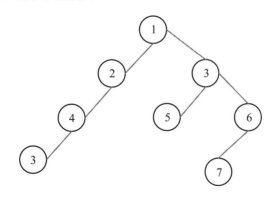

图 21.6 二叉树示意图

完全二叉树和满二叉树（见图 21.7）是两种特殊的二叉树。满二叉树是指一个深度为 k 且具有 2^k-1 个结点的二叉树，即在每一层上都具有最大的结点数。完全二叉树是指对一个二叉树从根结点开始，从上往下，从左往右进行标号，当且仅当每个结点的标号都与对应的满二叉树相同时，称这样的树为完全二叉树。

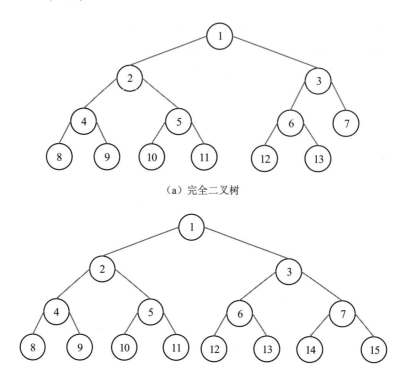

（a）完全二叉树

（b）满二叉树

图 21.7　完全二叉树和满二叉树

在对树的操作中，常常要寻找某一特殊结点，或者对全部结点进行处理，这就需要对二叉树进行遍历，有以下三种遍历二叉树的方法。

● 先序遍历：先访问根结点，再遍历左子树，最后遍历右子树。

● 中序遍历：先遍历左子树，再访问根结点，最后遍历右子树。

● 后序遍历：先遍历左子树，再遍历右子树，最后访问根结点。

【示例 21-7】对树进行后序遍历。伪代码如下：

```
void PostOrderTraverse(BiTree T,Status(*Visit)(TElemType))
{ //初始条件：二叉树 T 存在,Visit 是对结点操作的应用函数
    //操作结果：后序递归遍历 T,对每个结点调用函数 Visit 一次且仅一次
    if(T)                                      //T 非空
    {
        PostOrderTraverse(T->lchild,Visit);    //后序遍历左子树
        PostOrderTraverse(T->rchild,Visit);    //后序遍历右子树
        Visit(T->data);                        //访问根结点
    }
}
```

对于图 21.7（a）中的完全二叉树进行后序遍历的顺序为：8,9,4,10,11,5,2,12,13,6,7,3,1。

21.7 散列结构及其应用

散列结构是指元素的存储位置和元素的关键字之间有一个确定的关系 f，使得每个关键字与唯一的一个存储位置相对应。在查找时，用函数 f 得出给定关键字 K 的 f(K)，若记录中存在 K，则一定存放在 f(K)位置上。这个函数 f 称为散列函数，使用散列函数建立的表称为散列表或者哈希表。

【示例 21-8】散列表。

Football Club	Manchester United	Real Madrid	Chealse	AC Milan
f1(key)	13	18	3	1
f2(key)	1	0	3	1

以首字母为关键字，$f1(k) = k - A + 1$，$f2(k) = (k - A) \bmod 6$。构造散列表时，散列表函数的选择很灵活，对于不同的关键字可能会得到相同的地址，称为冲突。如上例中，对于散列函数 f2，Manchester United 和 AC Milan 得到的散列地址是一样的，产生冲突。在一般情况下，冲突只能尽可能小，而不能完全避免，关键在于选取合适的散列函数。构造散列函数的方法通常有以下几种。

- 直接定址法。
- 数字分析法。
- 平均取中法。
- 折叠法。
- 除留余数法。
- 随机数法。

如何处理冲突也是构造散列表的一个关键。当冲突产生时，关键字 K 的散列地址上已经存有记录，此时需要按照一定的规则给关键字 K 另外寻找一个与其对应的空的地址存放记录。当一个关键字的散列地址 H1 上有记录，发生冲突时，寻找下一个地址 H2，若在 H2 上仍发生冲突，则继续寻找，直至找到一个记录为空的地址。通常解决冲突的方法有以下几种。

- 开放定址法。
- 再散列法。
- 链地址法。
- 建立一个公共缓冲区。

📢 注意：

散列表的查找方法和其构表过程类似，给定一个关键值 K，通过散列函数得到散列地址，然后在表中相应位置查找记录，若该地址的记录为空，则查找不成功，否则比较关键字，若相等，则查找成功。若不相等，则根据构表时的冲突解决方法寻找下一个地址，直至该地址中的记录为空或者记录值关键字与给定关键字相等。

【示例 21-9】在散列结构上查找。伪代码如下：

```
typedef struct{
    ElemType *elem;                                    //存储散列表数组的基址
    int count;                                         //记录当前元素个数
}HashTable;
Status SearchHash(HashTable H,KeyType K,int &p,int &c)
{//K 为关键字，p 为待查数据的地址，c 为记录冲突次数
    p=Hash(K);                                         //计算出散列地址
    while(H.elem[p].key!=NULL && K!=H.elem[p].key))    //该位置有记录且与 K 不相等
        collision(p,++c)                               //按照冲突方法，求得下一个地址 p
        if(K==H.elem[p].key)
            return SUCCESS;                            //查找成功
        else return UNSUCCESS                          //查找失败
}
```

正因为散列表的优点是关键字和存储位置有对应关系，所以通常散列结构在查找上显得相对比较方便。

扫一扫，看视频

21.8   图及其应用

图结构是一种较为复杂的数据结构，图中结点之间的关系可以是任意的，任意两个元素都有可能相关。相对于线性表和树，图结构更为复杂。图结构在现实生活中的应用也极其广泛，例如，人际关系就可以看作一个典型的图结构。图是由顶点和边组成的，而根据边是否有方向性分为有向图和无向图，如图 21.8 所示。

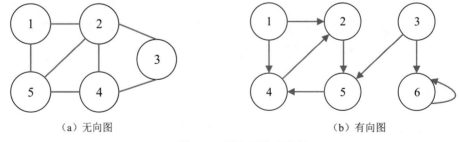

（a）无向图　　　　　　　　　　　　（b）有向图

图 21.8　无向图和有向图

图结构的存储方式一般分为两种：邻接链表和邻接矩阵。图 21.8 中有向图的两种存储方式如图 21.9 所示。

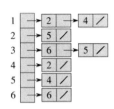

	1	2	3	4	5	6
1	0	1	0	1	0	0
2	0	0	0	0	1	0
3	0	0	0	0	1	1
4	0	1	0	0	0	0
5	0	0	0	1	0	0
6	0	0	0	0	0	1

（a）有向图的邻接链表　　　　　　　　（b）有向图的邻接矩阵

图 21.9　有向图的邻接链表和邻接矩阵

在图结构中有时需要对图的所有顶点进行遍历，从某一顶点出发，遍历所有顶点，且每个顶点都只遍历一次。图的遍历分为两种情况：深度优先搜索（DFS）和广度优先搜索（BFS）。深度优先搜索是指在图中找到一个没有被访问的顶点，然后依次访问从该顶点出发所有可以到达的顶点。若此时图中还存在没有被访问的顶点，则选取一个没有被访问的顶点进行深度优先搜索，直至所有顶点被访问。广度优先搜索是指从某一未被访问的顶点出发，访问其所有未被访问的相邻顶点，然后访问其相邻顶点的相邻顶点，且遵循先被访问顶点的邻接点优于后被访问顶点的邻接点的原则，直至图中所有顶点被访问。对于图 21.8 中的无向图，其深度优先搜索和广度优先搜索的顶点序列如下。

- 深度优先搜索：1,5,4,3,2。
- 广度优先搜索：1,5,2,4,3。

21.9　小结

本章简单介绍了数据结构的基本内容，这些结构在解决实际应用问题上可以发挥重要作用。读者可以在此基础上对数据结构进行深入学习。下一章将讲述 C++数据库编程。

21.10　习题

一、单项选择题

1. 若线性表最常用的操作是存取第 i 个元素及其前驱的值，则采用（　　）存储方式节省时间。
   A．单链表　　　B．双链表　　　C．单循环链表　　D．顺序表
2. 下列排序算法中，时间复杂度不受数据初始状态影响，恒为 $O(n\log n)$ 的是（　　）。
   A．堆排序　　　B．冒泡排序　　C．直接选择排序 D．快序排序
3. 下列排序算法中，某一次循环结束后未必能选出一个元素放在其最终位置上的是（　　）。
   A．堆排序　　　B．冒泡排序　　C．直接选择排序 D．快序排序
4. 快速排序算法在最好情况下的时间复杂度为（　　）。
   A．$O(n)$　　　B．$O(n^2)$　　　C．$O(n\log n)$　　　D．$O(\log n)$

• 467 •

5. 在有 n 个结点且为完全二叉树的二叉排序树中查找一个键值，其平均比较次数的数量级为（ ）。

    A．$O(n)$ B．$O(n^2)$ C．$O(n\log n)$ D．$O(\log n)$

二、填空题

1．已知二叉树中叶子数为 50，仅有一个子树的结点数为 30，则总结点数为_____。

2．直接选择排序算法在最好情况下所做交换元素的次数为_____。

3．下列排序算法中，占用辅助空间最多的是_____（堆排序、希尔排序、快速排序、归并排序）。

三、简答题

1．在单链表、双链表和单循环链表中，若仅知道指针 p 指向某结点，不知道头指针，能否将结点 p 从相应的链表中删去？若可以，其时间复杂度各为多少？

2．具有 3 个结点的树和具有 3 个结点的二叉树，它们的所有不同形态有哪些？

第 **22** 章

C++数据库编程

数据库技术已经成为目前计算机应用的一个重要组成部分，在各种应用中都能见到它的身影。数据库技术给数据存储和访问带来了巨大的便利；同时数据库技术也推动了软件业的发展，使软件系统应用到了企业级的数据事务处理上。数据库编程已经成为了软件设计中的重要内容。本章的内容包括：

- C++数据库编程概述。
- ODBC 编程介绍。
- ADO 编程介绍。

通过对本章的学习，读者需要了解不同的数据库编程方式、掌握 Visual Studio 2022 数据库编程的基本方法。

22.1　C++数据库编程概述

数据库主要是提供给用户进行有效的数据存储、访问和处理的工具。数据库系统则是包括数据库及其相关管理系统的集合。C++支持多种方式的数据库访问技术。

22.1.1　数据库和数据库系统

扫一扫，看视频

文件也是存储数据的方式，但是相比数据库，文件缺少数据处理和有效的管理方式。数据库则更有优势，它是一种更有效的数据集成方式。数据库的优势主要表现在以下几个方面。

- 数据库中的数据在结构上具有高度的关系化。数据库不仅会记录数据项之间的关系，还会记录数据类型的关系等，从而更能清晰地描述实体的信息。
- 数据库系统的共享性更高。文件系统一般都是面向单机的，而数据库主要是面向网络。所以数据库比文件系统具有更高的共享性。
- 数据库系统具有更好的独立性。文件系统缺乏自身的管理机制，而数据库则能进行自身的管理。
- 数据库系统具有很强的数据安全机制和维护措施。数据库系统有有效的权限管理方式，能有效地防止非法的访问和操作。同时在保证数据的存储安全和多用户访问数据一致性方面，其具有很好的控制和维护机制，能保证数据的一致性。

数据库是一个非常复杂的系统，需要进行一系列数据方面的管理。这需要一整套软件来进行相应的控制和管理，完成这个任务的管理系统就是数据库管理系统（database management system，DBMS）。

每种数据的 DBMS 是不同的，但是作为 DBMS，它们都需要具有以下一些类似的功能。

- 数据库描述：定义数据库全局和局部的逻辑结构，定义数据库的各种对象。
- 数据库管理：控制数据存储、系统管理、数据安全维护等。
- 数据库查询和操作：提供数据查询、更新等功能。
- 数据库建立和维护：具有数据库的建立/重建、数据结构和数据的维护及各种其他辅助功能。

如果以内容来划分 DBMS 的组成，它应该包括以下三个部分。

- 数据描述语言（DDL）及它的解释程序。
- 数据操纵语言（DML）及它的解释程序。
- 数据库管理例行程序。

在数据库系统中，有两种专门的操作语言：一种是数据库模式定义语言 DDL（data definition Language）；另一种是数据操纵语言 DML（data manipulation language）。DDL 用于描述现实实体在数据库中的定义，如建立数据库、删除数据库等；DML 用于操作数据库中的数据，如查询、更新、删除数据操作。

常见的大型数据库系统有 Oracle、SQL Server、Sybase、DB2 等，常见的小型数据库系统有

Access、FoxPro 等。

22.1.2　常见数据库访问技术

建立数据库的目的是供客户使用,客户使用数据库需要访问数据库,这就需要数据库访问技术。每种数据库都有其特殊性,厂商一般也会发布其专用的访问接口。如果针对每种数据库都使用其专用的接口,则会使访问数据库变得异常复杂。如果能有通用的数据库访问技术,则可以简化数据库的开发。

通过对数据库服务器和客户端通信过程的抽象化,可以简化客户端访问数据库的过程,如图 22.1 所示。客户端的代码通过调用数据库接口,数据库接口再调用数据库代码来完成对数据库的访问和操作,然后将数据传递给客户端。目前数据库提供商都会提供通用访问接口。

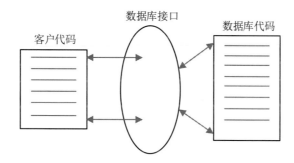

图 22.1　数据库接口

如果使用数据库本身的专用接口,一般只能访问其自身的数据库,而不能访问其他数据库,通用性较差(不过在性能方面,一般使用专用接口效率更高)。通用数据库接口则能访问不同的数据库,即在各种数据库之间建立统一的通信和访问接口。这样利用通用接口只要编写一段代码即可完成对不同数据库的访问。其访问模式如图 22.2 所示。

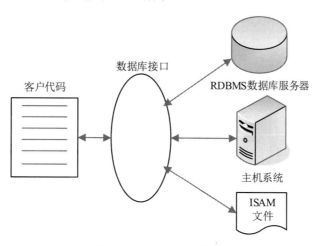

图 22.2　通用数据库接口

目前 Windows 操作系统上常见的数据库接口包括以下几个。

- ODBC（开放式数据库互连）。
- DAO（数据访问对象）。
- RDO（远程数据对象）。
- OLE DB（对象链接嵌入数据库）。
- ADO（ActiveX 数据对象）。

后面将对其中常用一些数据库接口作简单介绍。

22.2 数据访问接口 ODBC

开放式数据库互连（open database connectivity，ODBC）是一种通用的数据库访问接口。它提供了一系列不依赖数据库类型的 API。只要数据库系统具有 ODBC 驱动程序，就可以利用 ODBC 技术来进行访问和操作。

22.2.1 ODBC 概述

扫一扫，看视频

ODBC 是一种关系型数据库统一访问接口，它目前已经被广泛应用。一个完整的 ODBC 包括以下几个部分。图 22.3 所示是 ODBC 体系结构。

- 应用程序：包括 ODBC 管理器和驱动程序管理器。ODBC 管理器是位于客户端的操作系统之中，用于管理系统内安装的 ODBC 驱动和数据源。驱动程序管理器存在于 ODBC32.DLL 文件中，用于管理 ODBC 驱动程序。
- ODBC API：这些 API 存在于 ODBC 驱动程序文件中，提供 ODBC 和数据库之间的访问接口。
- 数据源：存储数据库地址和相关信息，通过这些信息可以让 ODBC 对数据库进行访问。

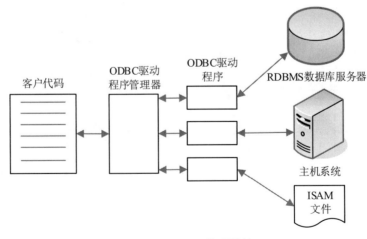

图 22.3 ODBC 体系结构

客户端应用程序首先访问 ODBC 驱动程序管理器，让其选择合适的 ODBC 驱动与数据库进行通信。当选定 ODBC 驱动后，就会调用其中的 API 函数实现对数据库的操作。需要注意的是，ODBC 只适合对关系型数据库的访问，对非关系型数据库则不适合。

📢 注意：

虽然 ODBC API 为数据库提供了统一的接口，但是 API 十分复杂且难以掌握。为了简化其中的复杂调用，Microsoft 在 MFC 中提供了相关的类，对 ODBC 进行了封装。

22.2.2　ODBC API 编程

扫一扫，看视频

使用 ODBC API 操作数据库的一般步骤如下。

（1）创建环境句柄和连接句柄并连接数据源。

（2）创建执行 SQL 语句句柄。

（3）准备并执行 SQL 语句。

（4）获取并处理结果集。

（5）提交事务。

（6）断开数据源连接并释放相关句柄。

ODBC API 根据安装的 ODBC 程序不同而略有不同，这里以 ODBC 2.x 版为基础进行介绍。下面详细分析每一个步骤。

1. 创建环境句柄和连接句柄并连接数据源

环境句柄是指向应用程序信息的一个句柄。在连接数据源前必须首先建立一个数据源连接的环境句柄。在建立环境句柄时，需要调用 SQLAllocEnv() 函数进行分配。

利用 SQLAllocEnv() 函数创建环境句柄的一般语法如下：

```
HENV henv;                                               //环境句柄
RETCODE rcode;                                           //返回值
rcode = ::SQLAllocEnv(SQL_HANDLE_ENV,SQL_NULL,& henv);   //创建环境句柄
if(rcode == SQL_SUCCESS)                                 //环境句柄创建成功
{
      …//执行其他操作

} else{
      return;
}
```

在创建了环境句柄后，下一步就是创建一个连接句柄。创建连接句柄使用 SQLAllocConnect() 函数，其调用方式如下：

```
HDBC hdbc;                                         //连接句柄
retcode = ::SQLAllocConnect(m_henv, & hdbc);       //创建连接句柄
if(rcode == SQL_SUCCESS)                           //连接句柄创建成功
```

```
        {
            …//执行其他操作
        } else{
            return;
        }
```

当必要的环境句柄和连接句柄创建后，就可以连接数据库了。连接数据库时使用函数 SQLConnec()，其调用方式如下：

```
m_retcode = :: SQLConnect(hdbc,                        //连接句柄
                    (PUCHAR)pszSourceName,SQL_NTS,      //数据源名
                    (PUCHAR)pszUserId,wLengthUID,       //数据库用户
                    (PUCHAR)pszPassword,wLengthPSW );   //用户密码
if(rcode == SQL_SUCCESS)                                //数据源连接成功
{
        …//执行其他操作
} else{
        return;
}
```

当这三个函数调用都成功后，则数据库连接成功。

2. 创建执行 SQL 语句句柄

执行 SQL 语句也需要相应的句柄，创建执行语句句柄的函数是 SQLAllocStmt()，其调用方式如下：

```
HSTMT hstmt;                                    //执行 SQL 语句句柄
RETCODE rcode;                                  //返回值
m_retcode = :: SQLAllocStmt(hdbc,&hstmt );      //创建 SQL 语句句柄
if(rcode == SQL_SUCCESS)                         //连接句柄创建成功
{
        …//执行其他操作
} else{
        return;
}
```

3. 准备并执行 SQL 语句

在执行 SQL 语句之前，需要做相应的准备工作。这里主要有两种方式：第一种是直接调用 SQLExecDirect()函数，此时一次只能执行一个 SQL 语句；第二种方式是先调用一次 SQLPrepare() 函数，然后多次调用 SQLExecute()函数执行多个 SQL 语句。SQLExecDirect()函数的调用方式如下：

```
LPCSTR pszSQL;                                          //要执行的 SQL 语句指针
strcpy(pszSQL, "SELECT * FROM TAB");                    //设定 SQL 语句
retcode = ::SQLExecDirect(hstmt,(UCHAR*)pszSQL,SQL_NTS );  //执行 SQL 语句
if(rcode == SQL_SUCCESS)                                //SQL 语句执行成功
    {
```

```
    …//执行其他操作
} else{
    return;
}
```

SQLPrepare()函数和 SQLExecute()函数的调用方式如下：

```
LPCSTR pszSQL;                                          //要执行的 SQL 语句指针
strcpy(pszSQL, "SELECT * FROM TAB");                    //设定 SQL 语句
m_retcode = ::SQLPrepare( hstmt,(UCHAR*)pszSQL,SQL_NTS );   //准备执行 SQL
if(rcode == SQL_SUCCESS)                                //SQL 语句准备成功
{
    …//执行其他操作
}else{
    return;
}
retcode = :: SQLExecute (hstmt,(UCHAR*)pszSQL,SQL_NTS);
if(rcode == SQL_SUCCESS)                                //SQL 语句执行成功
{
    …//执行其他操作
} else{
    return;
}
```

4．获取并处理结果集

在 SQL 语句执行成功后，特别是在进行数据查询后，需要将结果返回给应用程序。取得返回的数据一般涉及如下几个函数。

- SQLNumResultCols()函数：返回结果集列的个数。
- SQLDescribeCol()函数：获得结果集列的信息，如列名称、数据类型、长度等。
- SQLBindCol()函数：将列绑定到应用程序的变量中。
- SQLFetch()函数：获取结果集中当前行数据，一次只能获得一条信息，执行后，数据集合游标下移。
- SQLGetData()函数：返回结果集中当前行中的单个列的数据。

取得数据的一般过程如下：

```
retcode = ::SQLNumResultCols( m_hstmt, &wColumnCount ); //获得结果集列的个数
if( m_retcode != SQL_SUCCESS )                          //获得结果集列的个数失败，退出返回
{
    …//释放操作
    return;
}
LPSTR    pszName;                                       //列名称
UWORD    URealLength;                                   //列名称的长度
SWORD    wColumnCount;                                  //列数
```

```
UWORD     wColumnIndex = 0;                                    //列索引
SWORD     wColumnType;                                         //列数据类型
UDWORD    dwPrecision;                                         //精度
SWORD     wScale;                                              //小数点位数
SWORD     wNullable;
m_retcode = ::SQLDescribeCol( stmt,
                              wColumnIndex,                    //列索引
                              pszName,                         //列名称
                              256,                             //存放列名称的缓冲区大小
                              & URealLength,                   //实际得到列名称的长度
                              &wColumnType,                    //列数据类型
                              &dwPrecision,                    //精度
                              &wScale,                         //小数点位数
                              &wNullable );                    //是否允许空值
if(retcode != SQL_SUCCESS )                                    //执行不成功
{
     …//释放操作
     return;
}
retcode = ::SQLBindCol( m_hstmt,
                        uCounter,                              //列索引
                        wColumnType,                           //列数据类型
                        FieldValue,                            //绑定的变量
                        dwBufferSize,                          //变量内存大小
                        &BytesInBuffer);                       //存放将来返回数据大小的变量
if(retcode != SQL_SUCCESS )                                    //执行不成功
{
     …//释放操作
     return;
}
::SQLFetch( m_hstmt );
…
```

5. 提交事务

事务的提交方式有两种：一种为自动提交，即 SQL 文件成功执行完后自动提交事务；另一种为手动事务提交，此时需要人工或者程序进行提交。采用何种方式取决用户的设置。当使用手动提交时，需要使用 SQLEndTran()对事务进行控制。SQLEndTran()函数的调用方式如下：

```
:: SQLEndTran(SQL_HANDLE_DBC , hdbc, SQL_COMMIT);            //提交事务
:: SQLEndTran(SQL_HANDLE_DBC , hdbc, SQL_ROLLBACK);          //回退事务
```

6. 断开数据源连接并释放相关句柄

从系统分配的资源最后必须归还给系统，否则会造成资源泄露。在使用完 ODBC 后，需要将申请的相关资源进行释放，如环境句柄、连接句柄、执行 SQL 语句句柄等。在释放时，按照申请时的

相反顺序进行释放。释放时使用函数 SQLFreeHandle()，SQLFreeHandle()函数的调用方式如下：

```
rc = SQLFreeHandle(SQL_HANDLE_STMP, stmt);
```

在释放语句句柄后，还需要调用函数 SQLDisconnect()断开与数据库的连接。其一般调用方式如下：

```
rc = SQLDisconnect(hdbc);
```

释放资源的正确顺序为：释放所有执行 SQL 语句句柄，解除与数据源的连接，释放连接句柄、环境句柄。

22.3　MFC 的 ODBC 编程

扫一扫，看视频

MFC 对 ODBC API 进行了封装，相关的类主要是 CDatabase 和 CRecordSet。一个 CDatabase 对象表示一个数据库的连接，而 CRecordSet 则用来操作查询的数据集。通过这两个类可以较为方便地访问数据库。

22.3.1　CDatabase 和 CRecordSet 类介绍

CDatabase 类和 CRecordSet 类的声明存放在头文件 afxdb.h 中，要使用这两个类需要包含头文件 afxdb.h。另外，只能在 MFC 程序中使用这两个类。CDatabase 的大致定义形式如下：

```
class CDatabase : public CObject
{

public:
    CDatabase();
    virtual BOOL Open(LPCTSTR lpszDSN, BOOL bExclusive = FALSE,
        BOOL bReadonly = FALSE, LPCTSTR lpszConnect = _T("ODBC;"),
        BOOL bUseCursorLib = TRUE);                          //打开数据库
    virtual BOOL OpenEx(LPCTSTR lpszConnectString, DWORD dwOptions = 0); //打开数据库
    virtual void Close();                                   //关闭数据库
    …//其他成员
public:
    HDBC m_hdbc;                                            //数据库连接句柄
    const CString& GetConnect() const;
    …//其他成员
public:
    BOOL BeginTrans();                                      //启动事务
    BOOL CommitTrans();                                     //提交事务
    BOOL Rollback();
    void ExecuteSQL(LPCTSTR lpszSQL);                       //执行 SQL 语句
    …//其他成员
public:
```

```
    virtual ~CDatabase();
protected:
    CString m_strConnect;                                    //数据库连接串
    HSTMT m_hstmt;                                           //执行语句句柄

    BOOL Connect(DWORD dwOptions);                           //连接数据库
    void Free();                                             //释放相关资源
    …//其他成员
};
```

从 CDatabase 类的声明可以看出，其中有一个 m_hdbc 变量，这个变量就是连接数据库的句柄。使用 CDatabase 类对数据库进行操作的基本步骤如下。

（1）新建立 CDatabase 对象，程序自动调用其构造函数。形式如下：

```
CDatabase* pDatabase;
pDatabase = new CDatabase();
```

（2）调用成员函数 Open()打开数据库。形式如下：

```
//连接数据源，同时指定了用户名和密码
pDatabase->Open(NULL,FALSE,FALSE,_T("ODBC;DSN=CMS;UID=USERNAME;PWD=12345678"),TRUE);
```

（3）对数据库的数据进行相应的操作。最常用的是 ExecuteSQL()函数，用于执行 SQL 语句。调用时只需要传入需要执行的 SQL 语句即可。

（4）提交事务。CDatabase 类提供了 BeginTrans()函数、CommitTrans()函数和 Rollback()函数来执行对事务的操作。

（5）释放资源、关闭数据库，调用成员函数 Close()即可完成操作。

```
pDatabase->Close();
pDatabase = NULL;
```

CDatabase 类除了提供常用操作数据库的成员函数外，还提供许多辅助函数。特别是一些可以返回数据源信息的函数，可以让客户端程序有效地获得数据库的情况并执行相应的操作。例如，调用 IsOpen()函数可以获得当前的 CDatabase 实例，调用 GetConnect()函数可以获得已经连接的数据源的连接字符串，调用 CanTransact()函数可以检测当前数据库连接是否支持事务操作等。

CDatabase 类提供了比较丰富的成员函数，可以方便地操作数据库。CRecordSet 类的功能是操作结果集的数据，CRecordSet 的大致定义形式如下：

```
class CRecordSet : public CObject
{
public:
    CRecordSet(CDatabase* pDatabase = NULL);                //构造函数,传入 CDatabase 实例指针
public:
    virtual ~CRecordSet();
    virtual BOOL Open(UINT nOpenType = AFX_DB_USE_DEFAULT_TYPE,
      LPCTSTR lpszSQL = NULL, DWORD dwOptions = none); //打开结果集
    virtual void Close();                                   //关闭结果集
```

```
public:
    HSTMT m_hstmt;                                          //SQL 执行语句句柄
    CDatabase* m_pDatabase;                                 //CDatabase 实例指针

    CString m_strFilter;                                    //WHERE 子句
    CString m_strSort;                                      //ORDER BY 子句

    const CString& GetSQL() const;                          //获得执行的 SQL 语句
    const CString& GetTableName() const;                    //获得表名

    BOOL IsOpen() const;                                    //返回结果集是否打开
    BOOL IsBOF() const;                                     //游标是否处于结果集开头位置
    BOOL IsEOF() const;                                     //游标是否处于结果集结束位置

public:
    void MoveNext();                                        //移动游标到下一条记录位置
    void MovePrev();                                        //移动游标到前一条记录位置
    void MoveFirst();                                       //移动游标到第一条记录位置
    void MoveLast();                                        //移动游标到最后一条记录位置

    virtual void AddNew();                                  //在结果集合尾部增加一条数据
    virtual void Edit();                                    //开始编辑结果集中的数据
    virtual BOOL Update();                                  //更新结果集中的数据
    virtual void Delete();                                  //删除当前记录
    void CancelUpdate();                                    //取消已经编辑或新增数据操作

    void GetFieldValue(LPCTSTR lpszName, CString& strValue);    //取得字段值
    void GetFieldValue(short nIndex, CString& strValue);        //取得字段值
public:
    virtual CString GetDefaultConnect();                    //获得默认连接
    virtual CString GetDefaultSQL();                        //执行 SQL 语句
…//其他成员
};
```

　　从 CRecordSet 类的声明中可以看出，其定义了一系列接收数据和发送数据到数据库的变量和相关操作函数。CRecordSet 中的数据是执行 SQL 语句而获得的。

　　在对 CRecordSet 进行构造时，需要相应的 CDatabase 实例指针（获得后存储到 CRecordSet 类中的 m_pDatabase 中），通过这个指针 CRecordSet 才能获得与数据库之间的连接信息。

　　当执行的 SQL 语句中有 WHERE 子句时，成员变量 m_strFilter 才会存储此子句；类似地，如果执行的 SQL 语句中有 ORDER BY 语句，会存储在成员变量 m_strSort 中。

　　为了获得记录，需要将 CRecordSet 记录集打开。记录集，有多种打开模式，不同模式之间所支持的操作是不同的。在类 CRecordSet 声明中定义了如下打开方式：

```
enum OpenType
```

```
{
    dynaset,
    snapshot,
    forwardOnly,
    dynamic
};
```

打开方式描述如下。

- dynaset：动态数据集模式。数据不会全部传递到客户端，而是通过 Fetch 操作来动态地获得和更新记录集。这种方式支持双向游标，在运行期一直保持与数据库的连接。
- snapshot：静态快照模式。记录集生成后，记录集里的数据不会因为数据库被更新而更新。只能重新查询才能获得数据库中最新的数据。这种模式也支持双向游标。
- forwardOnly：顺向模式。不支持逆向游标，其他与 snapshot 相同。
- dynamic：动态数据集模式。在 dynaset 性质基础上增加了多用户数据同步排序功能。

📢 注意：

在 MFC 程序中，使用高度封装的 CDatabase 类和 CRecordSet 类来进行数据库软件开发更有效率。

扫一扫，看视频

22.3.2　数据查询

CRecordSet 类的成员函数 Open()和 Requery()都可以实现记录查询的功能。Open() 函数用于获得有效的记录集，Requery()函数提供再次查询功能[在使用 Open()函数后才能使用 Requery()函数]。

【示例 22-1】利用 CRecordSet 类的成员函数 Open()进行数据查询。代码如下：

```
CDatabase* pDatabase;
CRecordSet* pRset;
pDatabase = new CDatabase();
pDatabase->Open(NULL,FALSE,FALSE,_T("ODBC;DSN=CMS;UID=cms;PWD=12345678"),TRUE);
pRset = new CRecordSet(pDatabase);
LPCTSTR lpszSQL = _T("SELECT T BATCH_NO FROM BATCH");          //执行的 SQL 语句
pRset->Open(AFX_DB_USE_DEFAULT_TYPE,lpszSQL);                  //打开记录集
```

如果查询是有条件的查询，则最好的方式是用 m_strFilter 存储条件语句；如果要对数据进行排序，则最好使用 m_strSort 来存储排序字符串。

【示例 22-2】利用 CRecordSet 类进行有条件查询，并对数据进行排序。代码如下：

```
pRset->m_strFilter="JOB_Name = "BLACKLIST";
pRset->m_strSort="BATCH_NO";
pRset->Requery();
```

通过这些操作，执行的 SQL 语句为：

```
SELECT T.BATCH_NO FROM BATCH WHERE JOB_Name = 'BLACKLIST ORDER BY BATCH_NO'
```

22.3.3　参数化数据查询

扫一扫，看视频

大部分实际应用中的数据查询，都需要使用参数化查询，即查询条件是不确定的，而是由程序实运行决定的。

【示例 22-3】利用 CRecordSet 类进行参数化条件查询。代码如下：

```
CString strBatchNo;                                      //参数变量
int nStaues;                                             //参数变量
strBatchNo = _T("");                                     //初始化参数
nStaues =0;                                              //初始化参数
m_nParams=2;                                             //参数变量个数
//绑定参数变量和对应列
pRset ->SetFieldType(CFieldExchange::param)              //表明 param 字段是参数值
RFX_Text(pFX,_T("BATCH_NO"), strBatchNo);
RFX_Single(pFX,_T("STAUES "), nStaues);
pRset >m_strFilter=" BATCH_NO =? AND STAUES =?";
```

调用时的代码如下：

```
pRset-> strBatchNo ="100";
pRset-> STAUES =1;
pRset->Requery();
```

参数变量的值在与 SQL 文中的 "?" 符号进行匹配时，是按照先后顺序进行匹配，然后替换的。

22.3.4　新建数据

扫一扫，看视频

新建（添加）数据是通过调用 AddNew()成员函数来完成的。当调用 AddNew()成员函数后，会在记录集中增加一行数据，之后需要对字段的内容进行填充。需要注意的是，对字段进行设值时，数据和字段类型要相符，否则插入数据可能失败。

【示例 22-4】利用 CRecordSet 类对数据库进行数据插入操作。代码如下：

```
pRset->AddNew();                                         //在表的末尾添加新记录
pRset-> strBatchNo ="200";                               //输入字段值
pRset-> STAUES =3;                                       //输入字段值
pRset->Update();                                         //将记录存入数据库
pRset->Requery();                                        //重新查询
```

示例 22-4 的代码在对各个字段进行赋值后，数据不会立即插入数据库中，而是需要调用 Update()成员函数，之后数据才会插入数据库中。在数据库中插入数据后，需要将数据集和数据库数据进行同步，所以需要重新调用查询函数进行查询。

22.3.5　数据删除

扫一扫，看视频

数据删除是通过调用 Delete()成员函数来实现的。当调用此成员函数时，所删除的是当前游标所在的数据行。删除数据后，是不需要再调用 Update()成员函数的，数据会从记录集和数据库中直接被删除。

【示例 22-5】利用 CRecordSet 类对数据库进行数据删除操作。代码如下：

```
pRset->Delete();                          //删除数据，不需要再调用 Update()成员函数
if (!pRset ->IsEOF())                     //移动游标到正确的位置上
        pRset ->MoveNext();               //移动到下一条数据位置上
else
        pRset->MoveLast();                //移动到最后一条数据位置上
```

从示例 22-5 可以看出，当游标所在位置的数据被删除时，游标指向的位置是一个无效位置。所以在删除数据后，需要操作游标将其移动到执行的位置。

扫一扫，看视频

22.3.6　数据更新

数据更新是通过调用 Edit()成员函数来实现的。更新操作的数据是游标所在行的数据，当调用 Edit()函数成功后，就可对相应字段进行重新设值（主键是不可以重新设值的）。

【示例 22-6】利用 CRecordSet 类对数据库进行数据更新操作。代码如下：

```
pRset->Edit();                            //修改当前记录
pRset->STAUES ="0";                       //修改当前记录字段值
…//其他操作

pRset->Update();                          //将修改结果存入数据库
pRset->Requery();                         //重新查询
```

在重新设置相应字段值后，需要调用 Update()函数将更新结果写入数据库。然后进行重新查询，以保证记录集和数据库中的数据是一致的。

这些都是 CRecordSet 类操作数据库的基本方法，相对 API 函数的使用，其显得简单、易用。

扫一扫，看视频

22.3.7　直接执行 SQL 语句

利用 CRecordSet 类可以对数据库中的数据进行不同的数据操作。但是对于一些 DDL 操作，则显得不足。对于 DDL 和 DML 操作的语句，最有效的方式是利用 CDatabase 类的成员函数 ExecuteSQL()执行 SQL 语句。ExecuteSQL()成员函数的原型如下：

```
void ExecuteSQL(LPCTSTR lpszSQL);
```

【示例 22-7】利用 CDatabase 类的成员函数 ExecuteSQL()执行 SQL 语句。代码如下：

```
try{
        pDatabase ->ExecuteSQL(strSQL);   //直接执行 SQL 语句
}
catch (CDBException,e){
        return FALSE;
```

```
    }
```

利用 CDatabase 类和 CRecordSet 类完成对数据库数据的操作后，如果不需要进行操作或退出程序，那么需要释放相关资源，即关闭所有的记录集和数据库连接。

22.4 小结

本章主要介绍了 Visual Studio 2022 下数据库编程的一些基本概念和方法。ODBC 是一种通用的数据库接口，在实际应用中经常使用。在编写利用 ODBC 技术访问数据库的应用程序时，可以采用 API 来开发，也可以使用 MFC 封装的 ODBC 来开发，这取决于应用程序的类型和开发人员的技术情况。与 ODBC API 编程相比，MFC 编程更适用于界面型数据库应用程序的开发。下一章将学习网络编程技术。

22.5 习题

1. 联合索引需要注意什么？
2. 如何定位、排除和避免 MySQL 数据库的性能问题？

第 **23** 章

C++网络编程

计算机起初都是处于单机模式的。随着信息科学的发展，信息的共享成了一种迫切的需要。网络技术的出现和发展促进了这种需求。网络是用物理链路（电缆、光纤等）将各个独立的计算机系统连接在一起而形成的主机群，可以实现资源和信息共享。目前，网络的应用越来越多，相应的程序也越来越丰富。网络编程是一个开发者必须掌握的技能。本章的内容包括：

● 网络的通信模式。

● TCP/IP 结构和常用协议介绍。

● Socket 编程。

通过对本章的学习，读者可以了解网络的基础知识以及 Socket 编程的基本方法。

23.1 网络通信

在学习网络编程之前，需要了解网络的结构及其通信的方式。网络的主体是各个互连的系统，它们之间如果进行通信，就必须有一定的结构和通信规则。在具有一定的结构和通信规则基础上，要保证通信的正常。

23.1.1 网络类型

扫一扫，看视频

按照不同标准，可以将网络分为不同类型。一般按照地理位置和传输介质来进行分类。其中，按照地理位置来划分网络可分为以下几种类型。

● 局域网（LAN）：一般是在较小的区域内，小于 10km 的范围，通常采用有线的方式连接起来。

● 城域网（MAN）：一般在一座城市的范围内，距离在 10～100km 的区域。

● 广域网（WAN）：指分布非常广的网络，遍布全国的、跨越国界的、全球性的网络都是广域网。

按照传输介质来划分网络可分为以下几种类型。

● 有线网：网络采用同轴电缆或双绞线进行连接。

● 光纤网：网络采用光纤维作为传输介质。这种网络传输速率高、传输距离远且抗干扰性强。

● 无线网：网络采用电磁波作为载体进行传输。

目前，有线网络比较普及，光纤网和无线网也都已经成为热点，发展迅速。

23.1.2 网络拓扑结构

扫一扫，看视频

网络能够把各个独立的计算机系统连接起来，其连接方式和布局有很多种。网络的拓扑结构就是指组成网络的连接方式和布局。从实际的网络来看，常用的拓扑结构有以下几种。

● 星形拓扑结构（集中式网络结构）：如图 23.1 所示，在这种结构中，每个节点（主机或网络）都有一条唯一的链路与中心节点相连接，节点之间的通信首先要经过中心节点，然后控制和转发。这种网络结构的优点在于容易部署、控制方法比较简单和便于管理；其缺点是可靠性不强，因为所有通信都需要经过中心节点，一旦中心节点出现故障，整个网络将瘫痪。这种结构通常用于小型局域网。

● 总线型拓扑结构：如图 23.2 所示，总线型拓扑结构网络的特点是各个节点都连接在一条共享的总线上，采用广播方式进行通信，即网上所有节点都可以接收同一个节点发出的信息。这种网络结构的优点是安装简单、扩展方便和成本低廉；其缺点是效率较低、可靠性不高。总线型拓扑结构常用于小、中型局域网。

● 树状拓扑结构：如图 23.3 所示，树状拓扑结构是星形拓扑结构的扩展结构，包含根节点和分支节点，层次上呈现一种树状拓扑结构。树状拓扑结构的优点是比较灵活，易于扩展；缺点是如果根节点出现故障，会影响到全部网络（对其子节点影响最大）。树状拓扑结构常用于中、大型局域网。

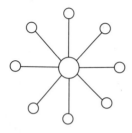

图 23.1　星形拓扑结构

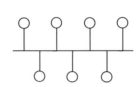

图 23.2　总线型拓扑结构

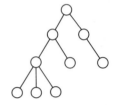

图 23.3　树状拓扑结构

- 环形拓扑结构：如图 23.4 所示，环形拓扑结构是一封闭的环状结构，采用非集中控制方式。网络上任一个节点发出的信息，其他节点都可以收到。其优点是结构简单、安装方便、传输率较高。环形拓扑结构常用于大型局域网的主干网。

- 网状拓扑结构：如图 23.5 所示，网状拓扑结构是一种不规则的网络连接结构，它将需要互连的两个节点直接连接起来。其中会产生冗余连接，但是这些冗余连接恰恰增加了网络的可靠性。这种网络结构的优点是可靠性高；缺点是成本高。网状拓扑结构常用于广域网的主干网中，如中国教育和科研计算机网（CERNET）、中国公用计算机互联网（ChinaNet）、电子工业部中国金桥信息网（CHINAGBN）等。

- 全互连型拓扑结构：如图 23.6 所示，网络中的每一个节点都与其他任意一个节点相连。这种网络结构的可靠性非常高；缺点是成本太高。全互连型拓扑结构一般只用于特殊场合，如航天飞机上的网络构架等。

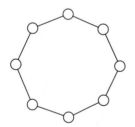

图 23.4　环形拓扑结构

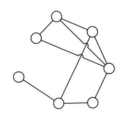

图 23.5　网状拓扑结构

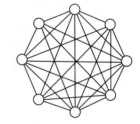

图 23.6　全互连型拓扑结构

23.2　网络通信协议

主机与主机之间的通信必须有一定的标准，否则通信可能混乱而无法完成。通信协议是一组计算机之间通信的一系列规则。最常用的网络通信协议是 TCP/IP（transmission control protocol/Internet protocol，传输控制协议/互联网协议）。

23.2.1 TCP/IP 结构

世界上的大型软件公司曾经制定过很多网络通信模型和协议，每家公司之间的协议都不相同，不利于统一和标准化。为此，ISO（国际标准化组织）通过对这些模型和协议进行分析，制定了统一的网络通信模型 OSI（open system interconnection，开放式系统互连）模型。OSI 是一个非常完善的模型体系，但是它的缺点是难以实现而导致无法实用化。于是诞生了实用化的 TCP/IP，它是 OSI 模型的一个浓缩版本。

TCP/IP 体系是一套协议族，其中包括了大量的协议。它将网络通信划分为 4 个相对独立的层次，如图 23.7 所示，从下到上分别是网络接口层、互联网层、传输层和应用层。

网络接口层：定义了许多媒体访问协议和逻辑链路控制。它接收互联网层 IP 数据报并进行网络传送，或者从网络上获得通信物理帧（数据传输基本单位），取出其中的 IP 数据报转交给互联网层。互联网层也称为 IP 层，该层包含以下协议。

应用层	
传输层	
互联网层	
网络接口层	

图 23.7 TCP/IP 体系结构

- ICMP（Internet control message protocol，因特网控制报文协议）：负责报告差错和传送控制信息。
- ARP（address resolution protocol，地址解析协议）：负责将 IP 地址转换成物理地址。
- RARP（reverse address resolution protocol，反向地址解析协议）：负责将物理地址转换成 IP 地址。
- IP（互联网协议）：核心协议，联合 ICMP、ARP、RARP 完成数据通信和路由选择。

互联网层：该层负责计算机之间的通信，进行数据处理和路由选择。

传输层：提供可靠的机制来确保通信数据能顺利到达接收端。此层包含协议 TCP 等。

应用层：负责处理应用程序的逻辑，向用户提供一系列常用的应用层协议，如 HTTP、Telnet、FTP、SMTP、POP3、DNS 等协议。

TCP/IP 是一个实用的通信协议，目前大部分网络应用中都使用此协议。

23.2.2 UDP

TCP 提供的通信是可靠的。当两台主机之间通信时，两者将一直保持连接状态。TCP 有一系列保证信息传送、信息控制和错误恢复等功能。而 UDP（user datagram protocol，用户数据报协议）是一种面向无连接的通信协议，它提供不可靠的面向数据报的传输，即在这个通信过程中，主机之间不需要保持长时间的连接，也不需要管接收端是不是接收到了数据。UDP 主要用于局域网通信。

23.2.3 相关术语

下面介绍几个本章涉及的重要术语。

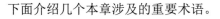

1．IP 地址

一般情况下，一个网络中不可能只有两台主机，而是由多台主机组成的。两台主机之间相互通信，就必须能够寻找到对方。所以每台主机需要有一个地址作为标识，以便其他主机能够准确地识别到。在 TCP/IP 中，用 IP 地址来标识主机。IP 地址是由 32 位整数来标识的，形式如 148.34.25.12。

2．端口

网络由 IP 地址进行定位，可以使两台主机进行通信。这个通信过程其实是主机上的应用程序进行通信。但是在一个操作系统中，有很多应用程序，如何让主机知道哪个应用程序（进程或线程）在通信呢？为了解决这个问题，TCP/IP 提供了协议端口（protocol port，简称端口），它用于标识通信的进程或线程。端口一般是一个小于 65536 的整数值。例如，HTTP 服务端口一般为 80、FTP 服务端口一般为 21 等。应用程序需要地址加端口信息才可以进行传输。

3．半工/半双工/全双工通信

在两台主机进行通信时，只支持数据在一个方向传输的通信模式称为半工通信。允许数据在两个方向上传输，但是在某一个时刻只能允许数据在一个方向上的传输称为半双工通信。半双工通信需要不断地进行传输方向的切换。允许数据同时在两个方向上传输的通信模式称为全双工通信。

23.3　Socket 网络编程接口

目前大部分的网络应用都基于 TCP/IP，而基于 TCP/IP 的 Socket（套接字）是目前流行的网络编程接口。

扫一扫，看视频

23.3.1　Socket 模型

Socket 最早应用在 UNIX 操作系统上，UNIX 操作系统可以看成一个大的文件。网络间的通信可以看成文件的 I/O 操作。Socket 模型将主机看作文件，然后在它们之间建立一个 I/O 通道进行数据通信。Socket 是基于 TCP/IP 的一个接口规范，它为应用层之间的通信提供了保障，其通信形式如图 23.8 所示。

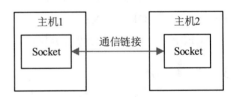
图 23.8　Socket 的通信形式

Socket 是对主机的抽象。当两台主机通信时，Socket 会扮演主机的角色进行通信，然后在两台主机之间建立通信信道。通过 Socket 建立的通信通道，应用程序（进程）就可以在两台之间发送和接收数据。

扫一扫，看视频

23.3.2　Socket 的 C/S 编程方式

在 TCP/IP 网络应用中，两个应用程序间的通信模式主要是 C/S（client/server model，客户端/服务器模式），即服务器首先建立服务，客户端向服务器发出服务请求，服务器连接客户端并进行相应的服务。其中，一台服务器可以为一个或多个客户端服务，如图 23.9 所示。

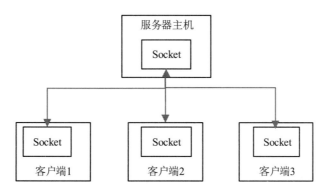

图 23.9　C/S 通信模式

建立 C/S 通信模式的基本步骤如下。

（1）服务器端先启动，并监听客户端，当有客户端连接时接收客户端请求并提供服务。

1）取得本地主机地址和服务端口，启动服务。

2）等待客户端请求。

3）当有客户端请求时，接收请求并开辟一个新进程或线程为此客户端服务。

4）返回第②步，继续等待请求。同时，对某个客户端的服务完成后，关闭对其服务的进程或线程。

5）服务器服务结束，关闭服务器。

（2）客户端连接服务器端，进行通信和处理。

1）打开一条通信通道，尝试连接服务器主机（需要 IP 地址和端口）。当连接成功后，继续下一步，否则连接失败退出。

2）向服务器发送请求信息，等待并接收服务器应答。

3）返回第②步。

4）客户端请求结束后，关闭通信通道并终止客户端。

C/S 模式的通信可以建立在 TCP 上，也可以建立在 UDP 上。基于 TCP 的 C/S 应用程序大部分用于广域网的应用，基于 UDP 的 C/S 应用程序则多用于局域网的应用。

23.3.3　C++下的 Socket

扫一扫，看视频

目前 Socket 已经发展到了 Socket 2.0，大部分情况下都使用 Socket 2.0 进行编程。Visual Studio 2022 涉及 Socket 编程的头文件有 Winsock2.h（使用 Socket 1.0 时，对应头文件为 Winsock.h）和 Afxsock.h，其中前者是利用 API 进行编程时使用的，后者则在 MFC 下使用，后者是对前者的封装。这里介绍用 API 进行编程的方法。首先，介绍与 Socket 编程相关的几个 API 函数。

1．socket()函数

该函数用来创建套接字。函数原型如下：

```
SOCKET WSAAPI socket(int af,int type,int protocol);
```

参数说明：af 用来设定通信发生的区域，可设定的值包括 AF_UNIX、AF_INET、AF_NS 等，在 Windows 下使用只需要指定为 AF_INET；type 表示设定建立的套接字类型，套接字有以下三种类型。

- TCP 流式套接字（SOCK_STREAM）：提供面向连接、可靠的数据传输服务。数据传输过程中无差错、无重复地发送，且按发送顺序接收。
- 数据报式套接字（SOCK_DGRAM）：提供了一个无连接服务。数据包以独立包形式被发送，不提供无错保证，数据可能丢失或重复，且接收顺序混乱。
- 原始式套接字（SOCK_RAW）：允许对较低层协议（如 IP、ICMP）直接进行访问。它一般很少被用。

protocol 设定该套接字使用的特定协议。如果不特殊指定，设置为 0 即可，系统将使用默认连接设置。函数调用成功后，返回一个整数值（unsigned int），即套接字号。

2．bind()函数

该函数用来绑定本地地址，它将利用 socket()函数创建的套接字号与套接字地址（本地主机地址+本地端口地址）关联起来。函数原型如下：

```
int WSAAPI bind(SOCKET s, const struct sockaddr FAR * name, int namelen);
```

参数说明：s 表示利用 socket()函数创建的套接字号；name 表示本地主机地址。sockaddr 结构体的定义如下：

```
struct sockaddr{
    u_short sa_family;                          /*地址类型*/
    char sa_data[14];                           /*地址*/
};
```

namelen 表示 name 参数的长度。当调用成功后，bind()函数返回值为 0。

3．connect()函数

该函数用来建立套接字连接。函数原型如下：

```
int WSAAPI connect(SOCKET s,const struct sockaddr FAR * name, int namelen);
```

此函数的参数与 bind()的参数类似，这里不作介绍。

4．accept()函数

该函数用来等待并接收来自客户端的实际连接。函数原型如下：

```
SOCKET WSAAPI accept(SOCKET s,struct sockaddr FAR * addr,int FAR * addrlen);
```

参数说明：s 表示利用 socket()函数创建的套接字号；addr 表示接收的客户端地址；addrlen 表示 addr 的长度。

5. listen()函数

该函数用来建立监听服务，表明开始接收来自客户端的连接，必须在 accept()之前调用。函数原型如下：

```
int WSAAPI listen(SOCKET s,int backlog);
```

参数说明：s 表示利用 socket()函数创建的套接字号；backlog 表示设定接收的请求客户端的最大数量，用于限制连接客户端的个数。

6. send()函数

该函数用来在流套接字上发送输出数据。函数原型如下：

```
int WSAAPI send(SOCKET s,const char FAR * buf,int len,int flags);
```

参数说明：s 表示利用 socket()函数创建的套接字号；buf 表示发送数据的缓冲区的指针；len 表示 buf 的长度；flags 表示传输方式，一般默认设置为 0 即可。如果发送数据正常，函数返回值为总共发送数据的长度；如果连接关闭,函数返回值为0;如果发送数据失败,函数返回 SOCKET_ERROR。

7. recv()函数

该函数用来在流套接字上接收输出数据。函数原型如下：

```
int WSAAPI recv(SOCKET s,char FAR * buf,int len,int flags);
```

参数说明：s 表示利用 socket()函数创建的套接字号；buf 表示接收数据的缓冲区的指针；len 表示 buf 的长度；flags 表示传输方式，一般默认设置为 0 即可。如果接收数据正常，函数返回值为总共接收数据的长度；如果连接关闭，函数返回值为 0；如果接收数据失败，函数返回 SOCKET_ERROR。

8. closesocket()函数

该函数用来关闭套接字，释放分配给该套接字的相关资源。函数原型如下：

```
int WSAAPI closesocket(SOCKET s);
```

参数说明：s 表示利用 socket()函数创建的套接字号。如果关闭成功，那么返回值为 0，否则返回 SOCKET_ERROR。

23.3.4　利用 Socket 建立服务器端程序（基于 TCP）

在前面已经学习了建立服务器端程序的基本步骤，下面通过代码来实现。

【示例 23-1】建立一个服务器，负责接收客户端请求并进行处理：当客户端发送数据时，接收数据并对数据进行显示。程序主文件为 Server.cpp，服务器代码如下：

```cpp
//Server.cpp
#include <iostream.h>
#include <Winsock2.h>
using namespace std;

#pragma comment(lib,"Ws2_32.lib")                        //Socket 程序需要包含此库文件
#define MAX_BUF 256                                      //定义接收缓冲区大小

//接收数据模块
int Receive(SOCKET s,char *szBuf,int len)
{
    int cnt, rc;
    cnt=len;
    //循环发送数据
    while(cnt>0)
    {
        rc= recv(s,szBuf,cnt,0);                         //接收数据
        if(rc==SOCKET_ERROR)                             //当接收出错时，返回
        {
            return -1;
        }
        if(rc==0)                                        //当无可接收数据时，返回
            return len-cnt;
        szBuf+=rc;                                       //移动指针，进行下一次接收
        cnt-=rc;
    }
    return len;
}
//发送数据模块
int Send(SOCKET s,char *szBuf,int len)
{
    int cnt, rc;
    cnt=len;
    //循环接收数据
    while(cnt>0)
    {
        rc=send(s,szBuf,cnt,0);                          //发送数据
        if(rc==SOCKET_ERROR)                             //当发送错误时，返回
        {
            return -1;
        }
        if(rc==0)                                        //当无可发送数据时，返回
            return len-cnt;
        szBuf+=rc;                                       //移动指针，进行下一次发送
        cnt-=rc;
```

```
    }
    return len;
}

int main()
{
    WSADATA wsaData;                                //WSADATA 对象,用于存储 Socket 动态库的信息
    if(WSAStartup(0x0110,&wsaData))                 //初始化 Socket
    {
        cout<<"Initialize socket failed."<<endl;    //若初始化失败,则报错
        return -1;
    }
    DWORD dwThreadID = 0;
    sockaddr_in local;                              //存储本地主机地址信息
    local.sin_family=AF_INET;                       //指定协议族
    local.sin_port=htons(5188);                     //端口设置
    local.sin_addr.S_un.S_addr=INADDR_ANY;          //在所有地址上建立监听
    SOCKET s=socket(AF_INET,SOCK_STREAM,0);         //初始化 Socket
    if(s == INVALID_SOCKET)
    {
        cout<<"Socket create failed."<<endl;
        return -1;
    }
    if(bind(s,(LPSOCKADDR)&local,sizeof(local)) == SOCKET_ERROR ){   //绑定端口
        closesocket(s);                             //若绑定失败,则关闭 SOCKET
        cout<<"Socket bind failed."<<endl;
        return -1;
    }
    if(listen(s,40) == SOCKET_ERROR)                //建立监听,最大接收 40 个客户端
    {
        cout<<"Socket listen failed."<<endl;
        return -1;
    }
    cout<<"Server started,waiting client..."<<endl;
    char szBuf[MAX_BUF];
    memset(szBuf,0,MAX_BUF);                         //字符全置空
    while(1)                                         //循环检测和接收客户端的连接
    {
        SOCKET ConnectSocket;                        //客户端 Socket 连接
        sockaddr_in ClientAddr;                      //存储客户端地址信息
        int nLen = sizeof(sockaddr);
        ConnectSocket = accept(s,(sockaddr*)&ClientAddr,&nLen);//等待客户端连接
        char *pAddrname = inet_ntoa(ClientAddr.sin_addr);      //得到客户端的 IP 地址
        Receive(ConnectSocket,szBuf,100);            //从客户端接收数据
        Send(ConnectSocket,szBuf,100);               //向客户端发送反馈数据
        strcat(szBuf," (Client IP:");
        strcat(szBuf,pAddrname);                     //输出客户端地址
```

```
        strcat(szBuf,")");
        cout<<szBuf<<endl;                      //显示客户端请求数据
    }
    closesocket(s);
}
```

📢 注意：

在建立 Socket 之前，必须初始化 Socket。WSAStartup()函数即初始化函数，通过它可以指定
Windows Sockets API 的版本号，并获得特定 Windows Sockets 实现的细节。只有初始化 Socket 成功
后，才能进一步调用 Windows Sockets API 函数。

23.3.5　利用 Socket 建立客户端程序（基于 TCP）

【示例 23-2】建立一个客户端，负责连接数据库并发送数据。客户端程序需要先连接服务端，
在连接成功后，才能与服务器进行通信。程序主文件为 Server.cpp，客户端代码如下：

```
//Client.cpp
#include <iostream>
#include <Winsock2.h>
using namespace std;

#pragma comment(lib,"Ws2_32.lib")               //Socket 程序需要包含此库文件
#define MAX_BUF 256                             //定义最大缓冲区大小

//接收数据模块
int Receive(SOCKET s,char *szBuf,int len)
{
    int cnt, rc;
    cnt=len;
    //循环发送数据
    while(cnt>0)
    {
        rc= recv(s,szBuf,cnt,0);                //接收数据
        if(rc==SOCKET_ERROR)                    //当结束错误时，返回
        {
            return -1;
        }
        if(rc==0)                               //当无数据可接收时，返回
            return len-cnt;
        szBuf+=rc;
        cnt-=rc;
    }
    return len;
}
//发送数据模块
```

```
int Send(SOCKET s,char *szBuf,int len)
{
    int cnt, rc;
    cnt=len;
    //循环接收数据
    while(cnt>0)
    {
        rc=send(s,szBuf,cnt,0);                 //发送数据
        if(rc==SOCKET_ERROR)                    //当发送数据发生错误时，返回
        {
            return -1;
        }
        if(rc==0)                               //当无数据可发送时，返回
            return len-cnt;
        szBuf+=rc;
        cnt-=rc;
    }
    return len;
}

int main()
{
    WSADATA wsaData;                            //WSADATA 对象，用于存储 Socket 动态库的信息
    if(WSAStartup(0x0110,&wsaData))             //调用 Windows Sockets DLL
    {
        cout<<"Initialize socket failed."<<endl; //初始化 DLL 错误，显示错误提示，程序退出
        return -1;
    }

    sockaddr_in local;
    SOCKET s;
    local.sin_family=AF_INET;
    local.sin_port=htons(5188);                               //连接端口号
    local.sin_addr.S_un.S_addr=inet_addr("192.168.1.11");    //连接的服务器 IP 地址
    s=socket(AF_INET,SOCK_STREAM,0);                          //初始化 Socket
    if(connect(s,(LPSOCKADDR)&-,sizeof(local)) < 0)          //连接服务器
    {
        closesocket(s);                                      //关闭 Socket
        cout<<"Socket connect failed."<<endl;
        return 0;
    }
    while(1)
    {
        char szSendMsg[MAX_BUF];
        char szRepMsg[MAX_BUF];
        cout<<"Enter the message to send:";                  //输入向服务器发送的信息
        cin >> szSendMsg;
```

```
            Send(s,szSendMsg,MAX_BUF);                    //向服务器发送数据
            memset(szRepMsg,0,MAX_BUF);                   //读取服务器端返回的数据
            Receive(s,szRepMsg,MAX_BUF);                  //接收服务器端的回应
            cout<<MAX_BUF;                                //显示回应数据
        }
        closesocket(s);
    }
```

在客户端和服务端程序中都调用了 htons()函数，它的作用是将主机的无符号短整型数转换成网络字节顺序。使用此函数有助于提高程序的可移植性。

23.4 小结

本章介绍了 C++网络编程的基础。网络编程在应用编程中占有非常重要的地位，它涉及的知识面非常广，学习起来比较复杂，所以掌握网络编程技术是一个非常艰难的过程。读者在掌握扎实的理论基础后要继续进行应用级别网络编程的研究。下一章将介绍 ADO 实战编程。

23.5 习题

1. 什么是 C/S 架构？
2. 互联网协议是什么？分别介绍 4 层协议中每一层的功能。

第 **24** 章

利用 ADO 实现简单的学生信息管理系统

　　数据库编程在实用开发中占有很高的比重。目前有许多不同的数据库编程接口，虽然种类繁多，但是原理相通。本章将介绍比较流行的 ADO（ActiveX data object）方面的知识，并使用 ADO 开发一个简单的学生信息管理系统，前台程序使用 Visual Studio 2022，后台数据库使用 SQL Server 2019。

24.1 ADO 简介

ADO 是 Microsoft 公司开发的一种面向对象的数据库编程接口，它以 COM（component object model，组件对象模型）组件的形式存在，这样的好处是可以跨应用和语言进行共享（大部分编程语言都可以调用）。ADO 的优点是容易使用、速度快、内存占用率小。

24.1.1 ADO 概述

ADO 操作数据库是建立在 OLE DB 基础上的，它以 OLE DB 作为中间接口的数据源进行访问，如图 24.1 所示。OLE DB 最大的优势在于，它可以操作不同的数据源（如关系型数据库、文本等），但它属于低层接口，操作烦琐。ADO 对 OLE DB 接口进行了封装，简化了 OLE DB 复杂的操作，它是一种高级数据库访问技术。

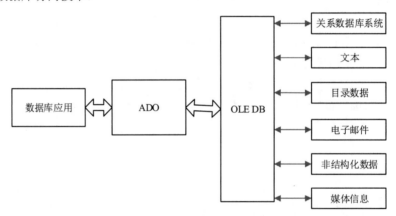

图 24.1 ADO 同 OLE DB、数据库应用及数据源之间的关系

由于 ADO 是基于 COM 技术的，它与开发者使用的语言无关，这样提高了它的通用性。ADO 中包含了许多丰富的接口，常用的对象如下。

● 数据库连接：应用程序与数据库之间的连接。
● 记录集：从数据库得到的数据记录集合。
● 命令：SQL 语句，即一个 SQL 执行命令。
● 字段：数据库表中的字段。
● 参数：执行 SQL 时所需要的参数。
● 属性：对象的相关信息。

24.1.2 MFC 的 ADO 编程

在 MFC 中，如果要使用 ADO，就要将 ADO 引入程序中。如果机器上安装了 ADO 组件，则一般存放位置在 C:\Program Files\Common Files\System\ADO 下。只要在程序中加入如下语句即可引入 ADO 对象。

```
#import "C:\Program Files\Common FilesSystem\ADO\msado15.dll" no_namespace
rename("EOF","EndOfFile")
```

下面介绍 ADO 对象模型中的重要对象。

1．Connection 对象

Connection 是应用程序与数据库之间连接的对象。其常用成员函数如下。

- Open()：建立一个连接，建立时需要设置连接的字符串。
- Close()：断开连接。
- BeginTrans()：启动事务。
- CommitTrans()：提交事务。
- RollbackTrans：事务回滚。
- Execute()：执行一个数据操作命令。

2．Command 对象

Command 对象用于对数据源执行命令，使用它进行查询会返回一个 RecordSet 对象。当执行的命令带有参数时，可以使用 Parameters 来设置参数。

3．Parameter 对象

Parameter 对象用于给一个 Command 对象指定参数，以支持参数化操作。设定 Parameter 对象的 Name 属性可以指定参数的名称，设定 Value 属性可以指定参数的值，然后执行 AppendChunk() 方法将数据传递给参数。

4．RecordSet 对象

RecordSet 对象是对数据库进行查询的结果。RecordSet 对象存储在本地计算机上，但是只要通过操作 RecordSet 对象即可操作数据源的数据库，如进行插入、更新、删除数据操作。对 RecordSet 对象的操作权限取决于如何打开游标，ADO 定义了如表 24.1 所列的游标类型。

表 24.1　ADO 的游标类型

游 标 类 型	描　　　　述
adOpenDynamic	允许添加、修改和删除记录，支持所有方式的游标移动，其他用户的修改可以在联机以后仍然可见
adOpenKeyset	类似于 adOpenDynamic 游标，它支持所有类型的游标移动，但是建立连接以后，其他用户对记录的添加不可见，其他用户对记录的删除和对数据的修改是可见的，支持书签操作

续表

游标类型	描述
adOpenStatic	支持各种方式的游标移动，但是建立连接以后，其他用户的行添加、行删除和数据修改都不可见，支持书签操作
adOpenForwardOnly	只允许向前存取，而且在建立连接以后，其他用户的行添加、行删除和数据修改都不可见，支持书签操作

RecordSet 对象有成员函数 AddNeS()、Update()、Delete()，分别执行添加、更新、删除数据操作，而通过成员函数 MoveFirst()、MoveLast()、MoveNext()和 MovePrevious()可以移动记录集里的游标。

5．Field 对象

Field 对象是字段对象，RecordSet 对象的每一行都是由一个或多个 Field 对象组成的。通过 Field 对象可以实现对列的操作，如获取列名、设置列值等。

24.1.3　ADO 操作数据库的基本步骤

通常情况下，ADO 操作数据库的基本步骤如下。

（1）创建一个 Connection 对象：创建时需要数据库连接字符串，其包括数据源名称、用户名、用户密码、连接超时时长、默认数据库及游标的位置。

（2）打开数据源：建立同数据源的连接。

（3）执行 SQL 命令：当连接成功后，就可以进行数据库操作。

（4）业务处理：这部分主要是根据业务对数据库进行操作，在操作完后将数据提交数据库。

（5）终止连接：当完成了所有数据操作后，就要终止连接，释放相关资源。

24.2　程序的需求

下面利用 ADO 技术开发一个简单的学生信息管理系统，主要目的是演示 ADO 的基本用法，业务上力求简单，主要演示使用过程。在学生信息管理系统中，主要涉及以下功能。

● 学生信息录入和查询。
● 班级信息录入和查询。
● 课程信息录入和查询。
● 选课信息录入和查询。

这些功能为系统最基础的功能，读者在学习完本章之后，可以对功能进行扩展。

24.3 系统框架

学生信息管理系统框架如图 24.2 所示。

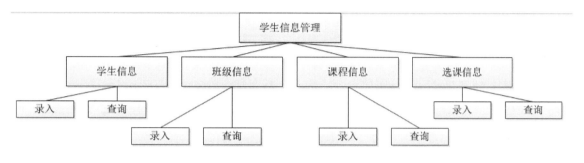

图 24.2 系统框架

24.4 程序的界面设计

完整的程序都有一个良好的界面，在本程序中将设计以下几个典型的界面以供参考。

● 登录界面如图 24.3 所示。
● 功能选择界面如图 24.4 所示。

图 24.3 登录界面

图 24.4 功能选择界面

● 典型的信息录入界面如图 24.5 所示。
● 典型的信息查询界面如图 24.6 所示。

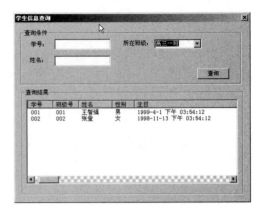

图 24.5 信息录入界面   图 24.6 信息查询界面

24.5 程序的数据库

本程序数据库采用 SQL Server 2019。在开发程序之前，需要建立相关数据库和表，步骤如下。

（1）新建数据库 StudentDB。

（2）在数据库中顺序执行如下 SQL 命令。

● 学生信息表。

```
CREATE TABLE [dbo].[Student] (
    [_id] [int] IDENTITY (1, 1) NOT NULL,      //主键ID，自动从1自增
    [s_no] [char] (6) NOT NULL,                //学生编号
    [class_no] [char] (6) NOT NULL,            //学生所在班级编号
    [s_name] [varchar] (10) NOT NULL,          //学生姓名
    [s_sex] [char] (2) NULL,                   //学生性别
    [s_birthday] [datetime] NULL               //学生生日
)
```

● 班级信息表。

```
CREATE TABLE class (
    [_id] [int] IDENTITY (1, 1) NOT NULL,      //主键ID，自动从1自增
    [class_no] [char] (6) NOT NULL,            //班级编号
    [class_name] [char] (20) NOT NULL, -       //班级名称
)
```

● 课程表。

```
CREATE TABLE course (
    [_id] [int] IDENTITY (1, 1) NOT NULL,      //主键ID，自动从1自增
    [course_no] [char] (5) NOT NULL,           //课程编号
    [course_name] [char] (20) NOT NULL,        //课程名
)
```

- 选课信息表。

```
CREATE TABLE choice (
    [ _id] [int] IDENTITY (1, 1) NOT NULL,          //主键 ID，自动从 1 自增
    [s_no] [char] (6) NULL,                          //学生编号
    [course_no] [char] (5) NULL,                     //课程编号
)
```

📢 注意：

此处，需要读者熟悉 SQL Server 2019 的基本操作。如果读者没有 SQL Server 2019 的操作经验，那么需要先进行熟悉。

24.6　核心程序实现分析

下面来分析本程序的关键步骤和核心代码。

1. 引入 ADO 库

为了使用 ADO，要用#import 语句来引入支持 ADO 的组件类型库（后缀名为 tlb 的文件）。在一般的 MFC 程序中可以直接在 Stdafx.h 文件中加入下面的语句：

```
#import "C:\Program Files\Common Files\system\ADO\msado15.dll" no_namespace
rename("EOF","adoEOF")
```

📝 说明：

- 路径根据使用的系统安装的 ADO 库进行相关设定。
- 在引入组件类型库后，工程在被编译后会产生两个文件，分别为*.tlh（类型库头文件）及 *.tli（类型库实现文件），其中定义了接口的智能指针，声明了各种接口方法、枚举类型、CLSID 等。
- no_namespace 表明 ADO 对象不使用命名空间。
- rename("EOF","adoEOF")说明将 ADO 中的结束标志 EOF 改为 adoEOF，以避免与其他库中的命名相冲突。

2. 初始化组件

因为 ADO 是基于 COM 的，所以在使用前必须进行初始化，以便正常调用 COM 的 API。本程序采用 MFC 程序，在 Student.cpp 里找到方法 CStudentApp::InitInstance()，在函数处增加如下代码：

```
if(!AfxOleInit())                                    //初始化 COM 库
{
    AfxMessageBox("OLE 初始化出错!");
    return FALSE;
}
```

其实，对组件初始化还有其他方法，如用函数 CoInitialize()或 CoInitializeEx()，但是这样需要在程序结束时关闭组件，操作比较麻烦。在 MFC 中，调用 AfxOleInit()可以自动实现初始化和关闭动作，推荐使用。

3．连接和打开数据库

在工程自动生成的.tlh 文件中声明的三个指针分别是_ConnectionPtr、_RecordsetPtr 和_CommandPtr，利用它们可以进行数据库连接和操作。连接和打开数据库的代码如下：

```
_ConnectionPtr m_pConnect;
try
{
    hr=m_pConnect.CreateInstance("ADODB.Connection");      //创建 ADO 连接对象
    if(SUCCEEDED(hr))                                      //创建成功后打开数据库
    {
        hr=m_pConnect->Open("
                            Provider=SQLOLEDB.1;            //指定连接驱动
                            Persist Security Info=False;    //是否保存安全信息
                            USer ID=sa;                     //数据库用户
                            Passsord=123456;                //数据库密码
                            Initial Catalog=StudentDB;      //默认使用数据库名
                            Data Source=SYSTEC7",           //数据库服务器名
                            "",
                            "",
                            -1);
    }
}
catch(_com_error e)                                        //若出错，则提示错误信息
{
    AfxMessageBox(e.ErrorMessage());
}
```

连接数据库时可能会有很多异常情况，如由于配置错误、用户名和密码错误等都可能引起连接异常。因此，程序中需要设置 try 语句块和 catch 语句块对程序进行异常捕捉，以获得错误的来源并修正程序。

4．关闭数据库

在程序退出时，需要关闭已经打开的数据库。代码如下：

```
if(m_pConnection->State)                    //检查数据库是否处于打开状态
        m_pConnection->CloSe();             //关闭数据库
m_pConnection= NULL;                         //将指针设置为 NULL
```

一般在关闭某个句柄时，都需要判断句柄是否处于可用状态，这是编程中的一个基本常识。

5．执行 SQL 语句

执行 SQL 语句，一般有两种方法：一是利用_CommandPtr 实例指针，它的核心方法是 Execute()，

在传入数据库连接指针和相应的 SQL 语句等参数后即可执行；二是利用_RecordSetPtr 指针，通过 Open()方法打开记录集，也可以实现执行 SQL 操作。后一种方法一般针对查询，而前者多用于 DML 的 SQL 语句。代码如下：

```
_RecordsetPtr m_pRs;
m_pRs.CreateInStance("ADODB.Recordset");
if(m_pRs->State)                              //如果数据集已经被使用，则关闭它
    m_pRSc->CloSe();
m_SSql=_T("Select * from Student");
//打开记录集合
m_pRS->Open(_bStr_t(m_SSql),theApp.m_pConnect.GetInterfacePtr(),adOpenDynamic,
adLockOptimiStic,adCmdText);

int nItem;
try
{
    while(!RSc->adoEOF)
    {
        nItem=m_ctlReSult.InSertItem(0xffff,_bStr_t(RSc->GetCollect("_id")));
        for(i=1;i<RSc->FieldS->Count;i++)
            //将查询结果加入显示控件中
            m_ctlReSult.SetItem(
            nItem,
            i,
            1,
            _bStr_t(RSc->FieldS->GetItem(_variant_t((long)i))->Value),NULL,0,0,0);
    RSc->MoveNext();                          //移动游标
    }
} catch(_com_error e                         //捕捉异常
{
    AfxMeSSageBox("读取数据库失败!");           //显示错误信息
}
m_pRSc->CloSe();
```

掌握了以上基本操作后，就能利用 ADO 技术顺利地编写一个应用程序了。另外，本程序是通过 MFC 技术来实现的，读者也可以就此深入了解一下 MFC 编程。

24.7 小结

本章利用一个简单的学生信息管理系统来演示如何使用 ViSual Studio 2022 联合 ADO 技术来开发数据库程序。读者可以自行扩展本例的代码，使得功能更为丰富。通过对本例的学习，读者可以体会数据库开发时的基本操作和注意事项，也可以基本掌握开发数据库程序的基本流程。下一章将学习网络编程实例。

第 *25* 章

利用 Socket 技术实现火车信息查询系统

在本章中，将使用 Socket 技术开发一个网络火车信息查询系统。程序使用 Visual Studio 2022 进行开发，采用 C/S 结构，火车信息存储在文本文件中。目的是演示使用 Socket 进行网络编程，使读者熟悉基本的网络编程方法。

25.1　程序需求

火车信息查询系统的目的是供用户查询火车信息，基本需求定义如下。
- 程序采用 C/S 结构，并采用 TCP 或 UDP 进行通信。
- 火车信息存储在文本文件中，服务器端在启动时读取信息到内存中供查询。
- 支持多客户端查询。

以上为本系统的基本需求，读者可以在学完本章后对功能进行扩展。

25.2　系统框架

火车信息查询系统由服务器端和客户端组成，系统框架如图 25.1 所示。

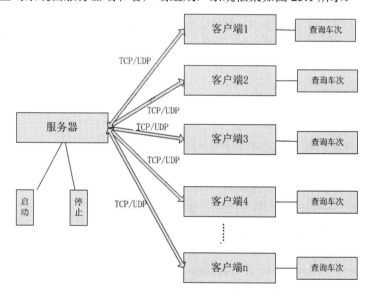

图 25.1　火车信息查询系统框架

25.3　程序界面

程序由服务器端和客户端组成，服务器端界面如图 25.2 所示，界面控件功能描述如下。
- "启动"按钮：启动服务器并读取火车信息文件，启动后可接收客户端的查询。
- "停止"按钮：停止服务器，停止后客户端无法进行查询。
- "退出"按钮：退出本程序。

客户端界面如图 25.3 所示，界面控件功能描述如下。

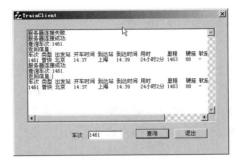

图 25.2　服务器端界面　　　　　　　　图 25.3　客户端界面

- "车次"文本框：输入车次作为查询的依据。
- "查询"按钮：单击可查询车次信息。
- 显示框：显示查询信息。
- "退出"按钮：单击可退出本程序。

服务端程序和客户端程序是两个独立的程序，需要建立两个 MFC 程序工程，且都是基于对话框的程序。

25.4　服务端程序

在 C/S 架构中，服务器的主要功能是接收客户端请求并进行处理，然后将处理的结果返回给客户端。对于 C/S 中的服务器构造，基本上都有一个基本的结构，任何大型和复杂的服务器都是以此为基础进行扩展的。服务器端工程主要包含如下文件。

（1）TrainInfo.h：CTrainInfo 类声明头文件，读取火车信息。

（2）TrainInfo.cpp：CTrainInfo 类实现文件。

（3）ComSocket.h：CComSocket 类声明头文件，实现通信功能。

（4）ComSocket.cpp：CComSocket 类实现文件。

（5）TrainServerDlg.h：对话框定义头文件。

（6）TrainServerDlg.cpp：对话框实现文件。

下面就来分析其中核心功能的代码。

25.4.1　服务器通信类

建立一个通信类 CComSocket，以实现服务器启动和监听功能。

```
int CComSocket::ServerStart()
{
    int Ret;
```

```
        if((Ret=WSAStartup(MAKEWORD(2,2),&wsaData))!=0)//初始化 Winsock Dll
        {
                return INIT_SOCK_DLL_ERROR;              //初始化失败，则返回错误
        }

        //建立服务器端
        if((serverSocket=socket(AF_INET, SOCK_STREAM, 0))==INVALID_SOCKET)
        {
                WSACleanup();                           //建立失败，清理 DLL 信息
                return CREATE_SOCKET_ERROR;
        }

        //设置服务器端 SOCKADDR_IN 结构
        serverAddr.sin_family=AF_INET;      //一般在 Windows 下，sin_family 属性都被设置为 AF_INET
        serverAddr.sin_addr.s_addr=htonl(INADDR_ANY);
        serverAddr.sin_port=htons(SOCKET_PROT); //端口转换(主机地址的字节顺序转换成网络字节顺序)

        //将服务器端 Socket 与指定 IP 地址和端口绑定
        if(bind(serverSocket,(SOCKADDR *)&serverAddr,sizeof(serverAddr))==SOCKET_ERROR)
        {
                closesocket(serverSocket);              //关闭 Socket
                WSACleanup();                           //清理 DLL 信息
                return BIND_SOCKET_ERROR;
        }

        //开始监听模式
        if(listen(serverSocket,10)!=0)
        {
                closesocket(serverSocket);
                WSACleanup();
                return BIND_SOCKET_ERROR;
        }
        return CREATE_SERVER_OK;                         //成功启动了服务器
}
```

成员函数 ServerStart()的作用是启动服务器，其中步骤包括初始化 DLL、建立 Socket、绑定地址和端口、启动监听。这个启动过程是建立服务器的一般步骤。

25.4.2　建立处理线程

处理线程用于处理客户端的具体请求。在大多数情况下，常用的处理方式是：服务器在接收到一个客户端请求后，就新开辟一个线程对其进行处理，当客户端断开后，则结束对应的处理线程。下面的代码演示了如何建立一个处理线程，等待并接收和处理客户端的连接。

```
extern unsigned __stdcall ListenThread(void*);       //声明接收和处理客户端的线程
unsigned long hThreadHandle;
```

```
unsigned uThreadID;
void CTrainServerDlg::OnStart()
{
     //启动服务器
     if (theApp.comSocket.ServerStart()!=CREATE_SERVER_OK){
          m_info= m_info + _T("启动服务器错误.");              //显示处理信息
          UpdateData(FALSE);
          return;
     }else{
          m_info= m_info + _T("启动服务器成功.\r\n");           //显示处理信息
          m_Start.EnableWindow(FALSE);
          m_Stop.EnableWindow(TRUE);
     };

     //初始化车次信息
     if (theApp.trainInfo.InitTrainInfo()!=INIT_TRAININFO_OK){
          m_info=m_info + _T("初始化车次信息错误.");           //显示处理信息
          theApp.comSocket.ServerClose();
          UpdateData(FALSE);
          return;
     }else{
          m_info= m_info + _T("初始化车次信息成功.\r\n");        //显示处理信息
     };
     m_info= m_info + _T("服务器等待连接... \r\n");           //显示处理信息
     UpdateData(FALSE);
     //建立线程
     hThreadHandle = _beginthreadex(NULL , 0, ListenThread, (void *)&theApp.comSocket,
0, &uThreadID);

}
```

相应的线程函数 ListenThread()实现如下：

```
unsigned __stdcall ListenThread(void* pSocket)
{
     CComSocket* cSocket =((CComSocket *) pSocket);

     SOCKET clientSocket;
     SOCKADDR_IN clientAddr;
     int clientAddrLen;

     unsigned long hThreadHandle;
     unsigned uThreadID;

     while(true)
     {
          //等待并接收客户端连接
          if((clientSocket=accept(cSocket->getServerSocket(),
```

```
                                    (sockaddr FAR*)&clientAddr,&clientAddrLen))
                              ==INVALID_SOCKET)
          {
                continue;
          }
          //建立处理线程
          hThreadHandle = _beginthreadex(NULL, 0, ProcessThread, (void *) &clientSocket,
0, &uThreadID);
          CloseHandle((HANDLE) hThreadHandle);
     }

     cSocket->ServerClose();

     return 0;
}
```

25.4.3　火车信息处理

建立类 CTrainInfo，用于处理火车信息。火车信息文本文件的格式如下：

车次 类型 出发站 开车时间 到达站 到达时间 用时 里程

每个信息段之间用空格隔开，下面是一条典型的数据：

1461 普快 北京 14:37 上海 14:39 24 小时 2 分 1463

以下为读取火车信息的代码：

```
int CTrainInfo::InitTrainInfo()
{
     TCHAR line_info[INFO_LEN];
     int num=0;
     FILE *fp;
     memset(line_info,0x00,sizeof(line_info));
     if((fp=fopen("TrainInfo.txt","r"))==NULL)              //读取火车信息文件
     {
          return OPEN_FILE_ERROR;
     }
     else
     {
          //读取信息库（将信息保存到内存中，便于快速查询）
          PTCHAR strNo;
          PTCHAR strInfo;
          int n=0;
          while(fgets(line_info,INFO_LEN,fp)!=NULL){
                for(n=0;n<strlen(line_info);n++)
                {
                     if(line_info[n]==' ')
```

```
                          break;
                    }
              //读取列车车次
              strNo = new TCHAR[n];
              for(int i=0;i<n;i++) strNo[i]=line_info[i];
              //读取列车信息
              strInfo = new TCHAR[strlen(line_info)];
              strcpy(strInfo,line_info);
              mapTrainInfo.insert(pair<PTCHAR, PTCHAR>(strNo,strInfo));

              memset(line_info,0x00,sizeof(line_info));
         }
    }
    fclose(fp);
    return INIT_TRAININFO_OK;
}
```

将文本信息全部读入内存，是为了方便程序进行快速查询。另外，程序中使用了 STL 中的 map 类型，其具有快速查询能力，可以提高查询速度。

25.4.4　发送和接收

在接收客户端的连接后，先进行信息查询，在查询到信息后，需要将信息发送给客户端。下面是发送信息的部分代码。

```
//buf 表示发送信息，n 表示信息长度
int SendInfo(SOCKET s,char FAR *buf,int n)
{
    int count = 0;
    int len ;
    while(count < n)
    {
        len = send(s,buf + count,n - count,0);
        if(len < 0)
            return len ;
        if(len == 0)
            Sleep(100);
        count += len ;
    }
    return count;
}
```

下面为接收信息的代码。

```
int CComSocket::GetInfo(SOCKET clientSocket, char *buf , char *recbuf)
{
    int Ret;
```

```
    //接收数据
    if((Ret=recv(clientSocket,recbuf,BUFFER_SIZE,0))==SOCKET_ERROR)
        return 0;
    //设定字符串结束符
    recbuf[Ret-1]='\0';
    return 1;
}
```

在程序中，buf 为发送信息的内容，即查询的火车信息或者错误信息（未查询到相应信息）。

25.5　客户端程序

客户端的主要操作是连接服务器，发送查询车次编号并接收服务器返回的结果。服务器端工程主要包含如下文件。

- ComSocket.h：CComSocket 类声明头文件，实现通信功能。
- ComSocket.cpp：CComSocket 类实现文件。
- TrainServerDlg.h：对话框定义头文件。
- TrainServerDlg.cpp：对话框实现文件。

下面就来分析其中核心功能的代码。

25.5.1　连接服务器

建立通信类 CComSocket，连接服务器的程序函数如下：

```
int CComSocket::ConnectToServer(char ServerAddr[] , SOCKET *clientSocket)
{
    WSADATA wsaData;
    sockaddr_in serverAddr;
    int Ret;

    //加载 Winsock.dll
    if((Ret=WSAStartup(MAKEWORD(2,2),&wsaData))!=0)
    {
//      printf("WSAStartup failed with error %d\n",Ret);
        return 0;
    }

    //创建客户端 Socket
    if((*clientSocket = socket(AF_INET,SOCK_STREAM,0))==INVALID_SOCKET)
    {
        return 0;
    }
```

```
//填充服务器端 sockaddr_in 结构
serverAddr.sin_family=AF_INET;
serverAddr.sin_addr.s_addr=inet_addr(ServerAddr);
serverAddr.sin_port=htons(SERVER_PORT);

//连接到服务器
if(connect(*clientSocket,(sockaddr *)&serverAddr,sizeof(serverAddr))==SOCKET_ERROR)
{
        closesocket(*clientSocket);
        WSACleanup();
        return 0;
}

return 1;
}
```

25.5.2　发送车次信息

当客户端接收到用户输入的车次信息后，就要将此查询信息发送到服务器上进行查询。下面是服务器发送给客户端信息的模块代码。

```
//buf 表示车次信息，n 表示信息长度
int SendInfo(SOCKET s,char FAR *buf,int n)
{
    int count = 0;
    int len;
    while(count < n)                              //循环发送数据，直到所有信息被发送完毕
    {
        len = send(s,buf + count,n - count,0);    //发送数据
        if(len < 0)
                return len ;
        if(len == 0)
                Sleep(100);
        count += len;
    }
    return count;
}
```

25.5.3　接收服务器返回信息

客户端发送数据给服务器之后，就要等待服务器的返回结果。此时，等待过程是阻塞的，即在等待不超时的情况下，函数一直处于等待状态，直到接收到数据。下面为接收服务器返回信息的代码。

```
int CComSocket::GetInfo(SOCKET clientSocket,char *buf,char *recbuf)
```

```
{
    int Ret;
    //接收数据
    if((Ret=recv(clientSocket,recbuf,BUFFER_SIZE,0))==SOCKET_ERROR)
                                                  //接收信息,处于阻塞状态
        return 0;
    recbuf[Ret-1]='\0';                           //设定字符串结束字符
    closesocket(clientSocket);
    WSACleanup();

    return 1;
}
```

📢 注意:

整个系统利用了 C++的文件操作、网络通信、STL 等技术。可以看出,一个系统是多种技术的结合。同时读者可以此系统为基础进行扩展,如将火车信息的存储改为数据库存储,利用数据库访问技术来实现信息的存储和查询等。

以上为本程序的核心代码分析,完整的代码请参照本书附带资源文件。

25.6 小结

Socket 已经成为目前网络编程的主要手段,对其的扩展应用也逐步发展。MFC 对 Socket 的 API 函数有相应的封装,有兴趣的读者可以查阅相关资料。网络编程是一个比较复杂的过程,需要对网络的原理有较深的了解。如果需要全面掌握 Visual Studio 2022 的网络编程技术,读者需要进一步学习网络方面的知识。